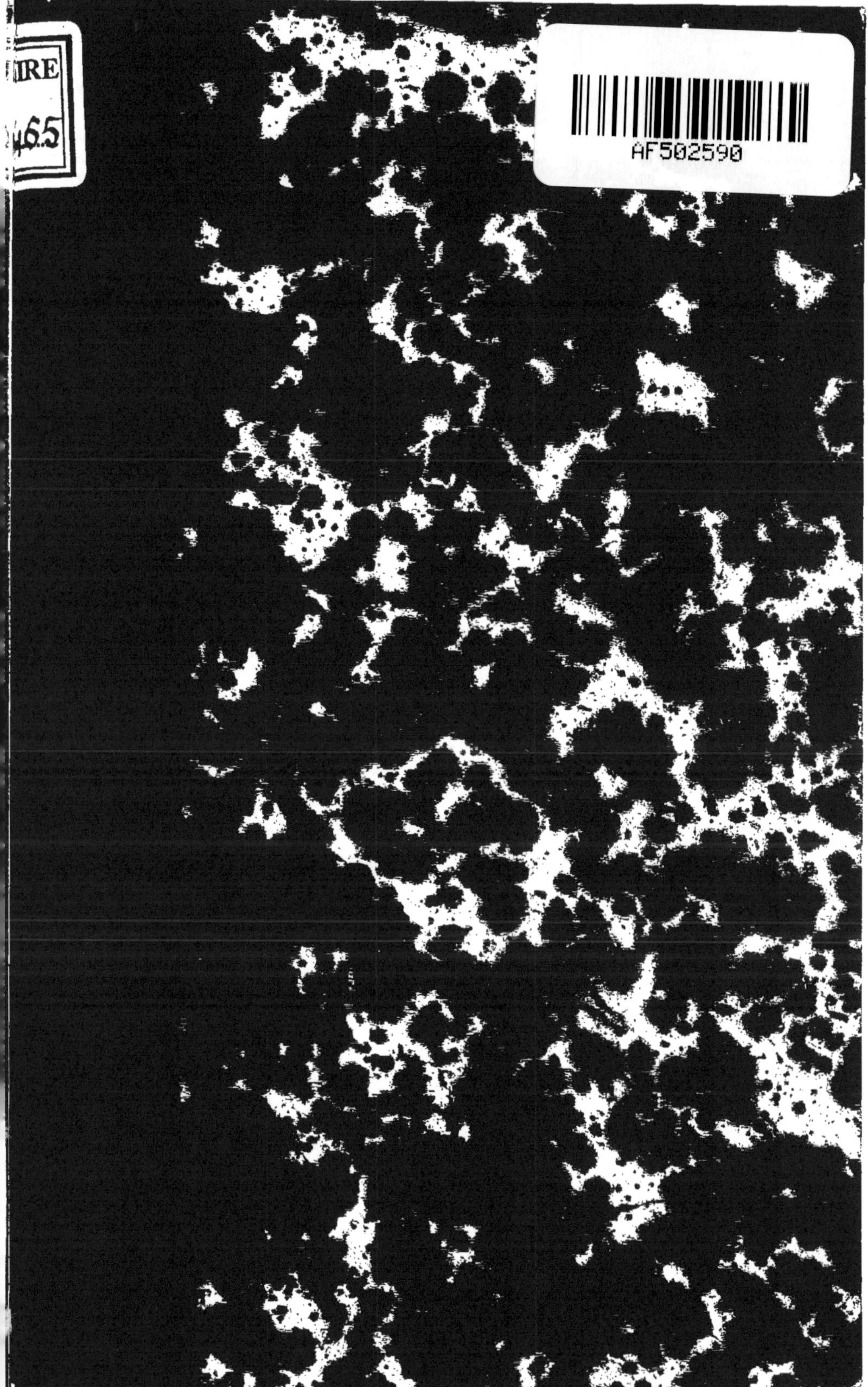

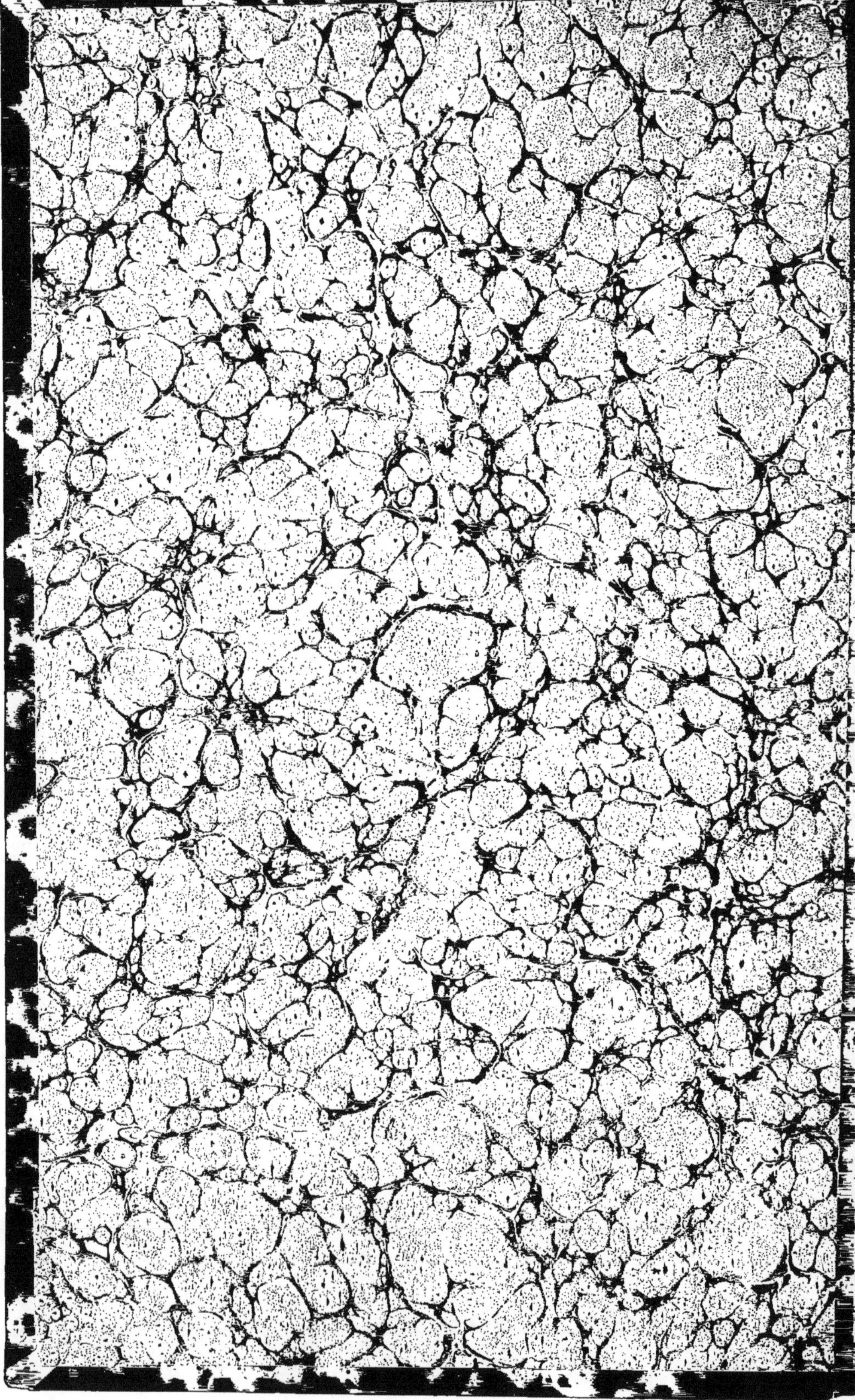

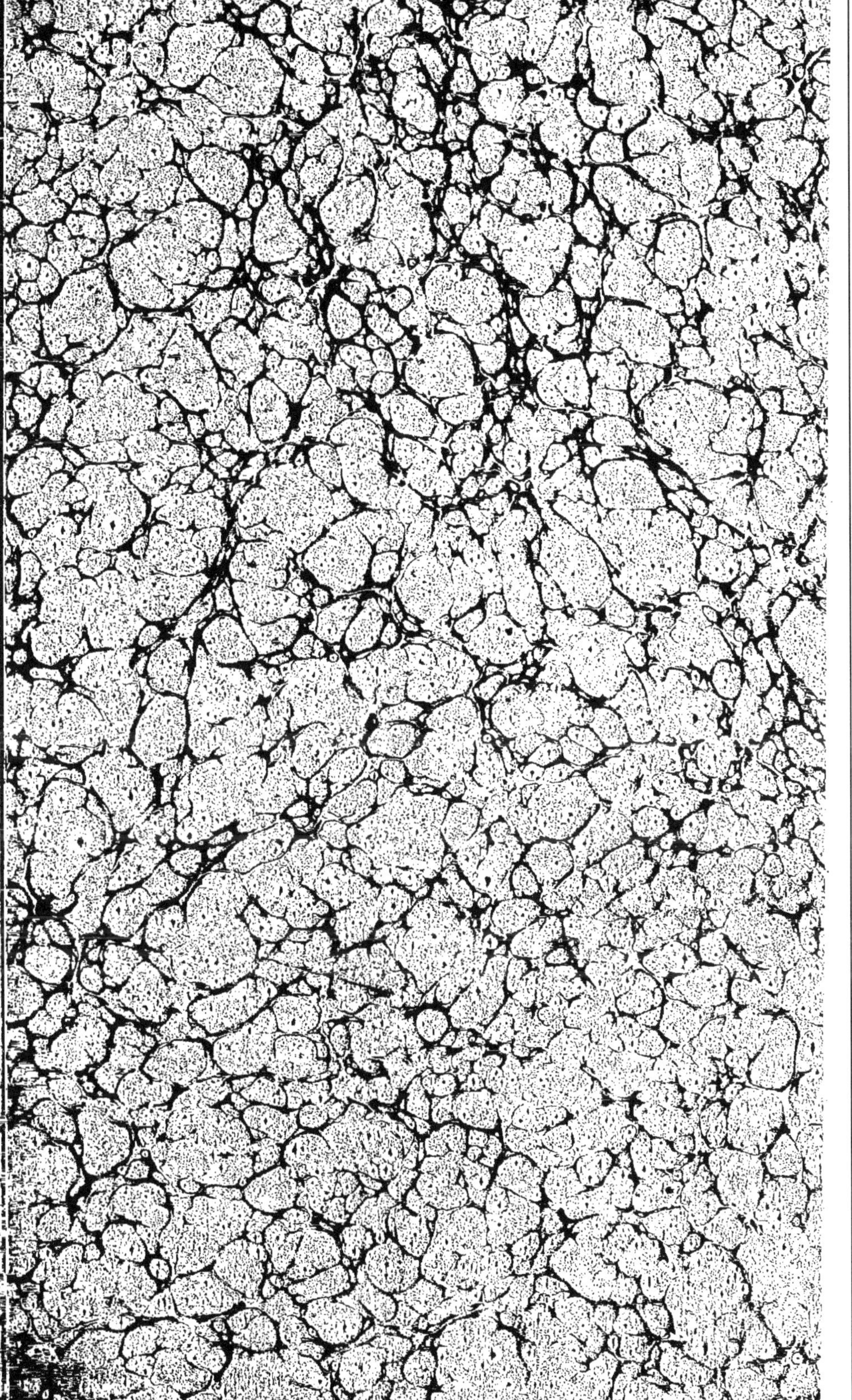

PRINCIPES
D'ALGÈBRE,

PAR

E. E. BOBILLIER,

ANCIEN ÉLÈVE DE L'ÉCOLE ROYALE POLYTECHNIQUE ET PROFESSEUR
A L'ÉCOLE ROYALE D'ARTS ET MÉTIERS DE CHAALONS-SUR-MARNE.

LONS-LE-SAUNIER,
IMPRIMERIE DE GAUTHIER.

M.DCCC.XXV.

Ces *Principes d'algèbres* ont été spécialement rédigés pour les Élèves auxquels je donne des leçons particulières; j'espère cependant qu'ils pourront être de quelque utilité à ceux qui entreprendront l'étude de cette science sans le secours d'un Professeur, et même à ceux qui plus avancés se proposeront de revoir ce qu'ils ont appris précédemment.

Ils sont divisés en trois Livres qui paroîtront successivement. Je me suis efforcé d'y comprendre tout ce qu'il est essentiel de connoître pour suivre avec quelques succès les cours de géométrie analytique et de mécanique rationnelle qui me sont confiés, en me prescrivant toutefois de ne pas dépasser les bornes de l'enseignement actuel de l'école.

Ce premier Livre contient la théorie complette des opérations algébriques : j'y ai joint, en forme de supplément, une démonstration tout-à-fait élémentaire de la formule du Binome de *Newton*. Le deuxième et le troisième traiteront de la résolution des problèmes et des équations auxquelles ils conduisent; l'autre, de certains procédés que fournit l'algèbre pour abréger le calcul des nombres.

J'ai choisi parmi les démonstrations qui me sont connues, celles qui m'ont paru les plus claires et les plus simples. Je me suis attaché surtout à mettre beaucoup d'ordre dans la distribution des matières, et à énoncer les résultats avec une précision géométrique, bien convaincu que cette méthode est la plus lumineuse et la plus propre à hâter les progrès des commençans.

TABLE
DES MATIÈRES DU I.er LIVRE.

CHAPITRE I.er

NOTIONS PRÉLIMINAIRES.

CHAPITRE II.

ADDITION ET SOUSTRACTION ALGÉBRIQUE.

CHAPITRE III.

MULTIPLICATION ALGÉBRIQUE.

CHAPITRE IV.

DIVISION ALGÉBRIQUE.

CHAPITRE V.

FRACTIONS LITTÉRALES.

CHAPITRE VI.

FORMATION DES PUISSANCES.

CHAPITRE VII.

EXTRACTION DE LA RACINE CARRÉE DES NOMBRES.

CHAPITRE VIII.

EXTRACTION DE LA RACINE CUBIQUE DES NOMBRES.

CHAPITRE IX.

EXTRACTION DES RACINES DES QUANTITÉS ALGÉBRIQUES.

CHAPITRE X.

THÉORIE DES RADICAUX ET DES EXPOSANS FRACTIONNAIRES.

Supplément au Chapitre VI.

Fin de la Table du I.er Livre.

LIVRE PREMIER.

OPÉRATIONS ALGÉBRIQUES.

CHAPITRE PREMIER.

NOTIONS PRÉLIMINAIRES.

I. *But de l'Algèbre.*

1. L'ALGÈBRE est une science qui apprend à résoudre sans tâtonnement et d'une manière générale les problèmes relatifs aux nombres.

Pour parvenir à ce double but, on a imaginé, 1.° de représenter les nombres par des *lettres ;* 2.° d'indiquer les opérations qui les lient et les divers rapports dont ils sont susceptibles par des *signes abréviatifs*.

2. Les *lettres* sont très-propres à représenter les nombres d'une manière générale, car, ne jouissant d'aucune valeur particulière, elles peuvent prendre toutes celles qu'on juge à propos de leur attribuer. Les premières a, b, c, etc., servent ordinairement à désigner les quantités connues, et les dernières x, y, z, etc. à désigner des quantités inconnues ; mais il ne faut pas perdre de vue que chaque lettre exprime toujours un certain nombre d'unités abstraites ou concrètes.

3. Les *signes* de l'algèbre sont en petit nombre et d'un usage fréquent. Voici les principaux :

1.° $+$ indique l'addition et signifie *plus*. *Exemple :* $a+b$ s'énonce *a plus b ;*

2.° $-$ indique la soustraction et signifie *moins*. *Exemple :* $a-b$ s'énonce *a moins b ;*

3.° $\times$ et . sont les signes de la multiplication, et signifient *multiplié par*. *Exemple :* $a \times b$ ou $a \,.\, b$ s'énonce *a multiplié par b*.

Plus souvent on indique la multiplication entre plusieurs lettres en les mettant simplement les unes à la suite des autres. Ainsi les expressions ab, abc, $abcd$ s'énoncent comme elles sont écrites et remplacent $a \times b$, $a \times b \times c$, $a \times b \times c \times d$. On doit avoir le soin de rétablir les signes lorsqu'on donne aux lettres a, b, c, d des valeurs numériques, car il est visible que le produit de plusieurs nombres ne s'obtient pas en les écrivant les uns à la suite des autres ;

4.° : placé entre deux quantités marque la division de la première par la seconde et s'énonce *divisé par*. On emploie aussi, pour désigner cette opération, le signe — au-dessus et au-dessous duquel on écrit le dividende et le diviseur. *Exemple :* $a : b$ ou $\frac{a}{b}$ signifie *a divisé par b*. Le dernier signe est le plus usité ;

5.° $=$ est le signe de l'égalité et s'énonce *égale*. Les quantités placées à gauche et à droite du signe se nomment *premier* et *second membre*. *Exemple :* $10 - 7 = 2 + 1$ signifie 10 *moins* 7 *égale* 2 *plus* 1. $10 - 7$ est le premier membre, et $2 + 1$ le second ;

6.° $>$ et $<$ sont les signes de l'inégalité et signifient *plus grand que*, *plus petit que*. *Ex.* $10 > 3$, $7 < 12$ s'énoncent 10 *plus grand que* 3, 7 *plus petit que* 12. On peut remarquer que le plus grand des deux nombres est toujours placé dans l'ouverture du signe.

4. Actuellement, pour éclaircir autant que possible la définition que nous avons donnée de l'algèbre, proposons-nous le problème suivant : *trouver deux nombres dont la somme soit 20 et la différence* 6.

Représentons par x le plus grand des deux nombres inconnus, et par y le plus petit, nous aurons en vertu de l'énoncé

Le plus grand nombre x augmenté du plus petit y égale 20.

Le plus grand nombre x diminué du plus petit y égale 6.

Ce qui, à l'aide des signes, s'écrit ainsi $x+y=20$, $x-y=6$. Égalités dont nous allons retirer les valeurs des inconnues x et y.

Pour obtenir l'inconnue x, ajoutons membre à membre les deux égalités $x+y=20$, $x-y=6$, nous aurons $x+y+x-y=20+6$, ou $2x=26$ en observant que $y-y=0$. Les quantités $2x$ et 26 étant égales, leurs moitiés x et 13 le sont aussi ; donc $x=13$.

Afin de déterminer y, retranchons x de chaque membre de l'égalité $x+y=20$, et dans le résultat $y=20-x$, remplaçons x par 13, ce qui produit $7=20-13$ ou $y=7$.

Les deux nombres inconnus sont donc 13 et 7, et en effet $13+7=20$ et $13-7=6$.

Ce seul exemple suffit pour faire apercevoir tout le parti qu'on peut tirer des signes algébriques, lorsqu'on les manie convenablement; leur briéveté rapprochant en quelque sorte les pensées, permet d'en saisir plus aisément l'ensemble et conduit à la solution d'un grand nombre de problèmes auxquels on n'auroit pu s'élever en arithmétique que par des tâtonnemens plus ou moins longs.

5. Un second avantage de l'algèbre sur l'arithmétique consiste dans les moyens qu'elle fournit de présenter les résultats sous une forme tout-à-fait générale. Tant que l'on emploie des nombres pour exprimer les données, ils se mêlent et se fondent pour ainsi dire les uns dans les autres par l'effet du calcul, les résultats ne conservent aucune trace des opérations que l'on a faites pour y parvenir et ne peuvent être utilisés pour résoudre les questions de même espèce. Mais que l'on désigne ces données par des lettres, cet inconvénient disparoît, et on retrouve dans les résultats toute la généralité, toute la partie essentielle du raisonnement.

Afin que l'on puisse entrevoir dès à présent toute la fécondité de l'algèbre envisagée sous ce nouveau point de vue, reprenons le problème précédent dont nous généraliserons ainsi l'énoncé. *Trouver deux nombres dont la somme soit* a *et la différence* b.

Soit toujours x le plus grand des nombres inconnus et y le plus petit. L'énoncé du problème traduit algébriquement fournit évidemment $x + y = a$, $x - y = b$.

Ajoutons ces égalités membre à membre en observant que $y - y = 0$, nous aurons $2x = a + b$. Or la moitié de $2x$ est x et celle de $a + b$ est $\frac{a}{2} + \frac{b}{2}$ donc $x = \frac{a}{2} + \frac{b}{2}$.

Retranchons x des deux membres de $x + y = a$ et dans $y = a - x$ mettons $\frac{a}{2} + \frac{b}{2}$ à la place de x, ou a $y = a - \frac{a}{2} - \frac{b}{2}$ ou $y = \frac{a}{2} - \frac{b}{2}$ à cause que $a - \frac{a}{2} = \frac{a}{2}$.

Les deux expressions générales $x = \frac{a}{2} + \frac{b}{2}$, $y = \frac{a}{2} - \frac{b}{2}$ peuvent s'énoncer ainsi en langage ordinaire: *le plus grand des deux nombres inconnus est égal à la demi-somme augmentée de la demi-différence, et le plus petit, à la demi-somme diminuée de la demi-différence.*

Soit maintenant, à trouver deux nombres dont la somme soit 20 et la différence 6. On substituera 20 et 6 aux lettres a et b dans les expressions $x = \frac{a}{2} + \frac{b}{2}$, $y = \frac{a}{2} - \frac{b}{2}$ et on trouvera comme dans le numéro qui précède $x = \frac{20}{2} + \frac{6}{2} = 10 + 3 = 13$, $y = \frac{20}{2} - \frac{6}{2} = 10 - 3 = 7$.

Soit encore à déterminer deux nombres ayant pour somme 31 et pour différence 19. On posera $a = 31$, $b = 19$, et on aura $x = \frac{31}{2} + \frac{19}{2} = \frac{50}{2} = 25$, $y = \frac{31}{2} - \frac{19}{2} = \frac{12}{2} = 6$. Cette solution est exacte, car $25 + 6 = 31$, $25 - 6 = 19$.

6. On appelle *formule* le résultat d'un calcul général, présentant le tableau des opérations à effectuer sur les données pour en déduire les nombres inconnus, telles sont les deux expressions $x = \frac{a}{2} + \frac{b}{2}$, $y = \frac{a}{2} - \frac{b}{2}$ auxquelles nous venons de parvenir.

II. *De quelques autres notations de l'Algèbre.*

7. Outre les signes et les lettres dont il vient d'être question, on emploie encore d'autres notations dont le but est toujours de simplifier l'écriture algébrique. Les principales sont celles des *coefficiens*, des *exposans* et des *racines*.

8. Le *coefficient* d'une quantité est un nombre placé à sa gauche, qui indique combien de fois elle doit être répétée. Les expressions $5a$, $4ab$, $3abc$ ont pour coefficiens 5, 4, 3 et remplacent, 1.° $a + a + a + a + a$; 2.° $ab + ab + ab + ab$; 3.° $abc + abc + abc$. Elles s'énoncent *cinq a*, *quatre ab*, *trois abc*.

Les coefficiens peuvent être fractionnaires, *Ex.* $\frac{2}{3}a$, $\frac{17}{12}ab$. Lorsque le coefficient d'une quantité est l'unité comme dans $1\,ab$, on le supprime par convention et on écrit simplement ab, réciproquement $ab = 1\,ab$.

9. On appelle 1.re *puissance*, 2.e *puissance*, 3.e *puissance*..... en général *m.*e *puissance* d'une quantité, cette quantité rendue une fois, deux fois, trois fois.... *m.* fois facteur. La seconde puissance s'appelle aussi *carré* et la troisième *cube*. *Ex :* La 1.re puissance de 10 est 10, la 2.e ou carré est 10×10 ou 100; la 3.e ou cube est $10 \times 10 \times 10$ ou 1000; la 4.e est $10 \times 10 \times 10 \times 10$ ou 10,000, etc., etc. *Autre ex :* Les puissances successives de $\frac{2}{3}$ sont 1.re $\frac{2}{3}$, 2.e $\frac{2}{3} \times \frac{2}{3} = \frac{4}{9}$, 3.e $\frac{2}{3} \times \frac{2}{3} \times \frac{2}{3} = \frac{8}{27}$, 4.e $\frac{2}{3} \times \frac{2}{3} \times \frac{2}{3} \times \frac{2}{3} = \frac{16}{81}$, etc., etc. *Autre ex :* les puissances de a sont a, aa, aaa, $aaaa$, etc.; celles de ab sont ab, $abab$, $ababab$, etc., etc.

10. *L'exposant* d'une quantité est un nombre placé à sa droite et un peu au-dessus, qui marque la puissance à laquelle elle est élevée. Ainsi $a^3=aa$ et s'énonce *a exposant deux* ou simplement *a deux*. $a^3=aaa$ et s'énonce *a trois*, $a^4=aaaa$ et s'énonce *a quatre*, et généralement a^m est l'abréviation de *a* rendu *m*. fois facteur et s'énonce *a exposant m*. *Exemples*, $12^4 = 12 \times 12 \times 12 \times 12 = 20.736$, $a^4b^3=aaaabbb$, $a^5b^4c^2d=aaaaabbbbccd$.

On est convenu de supprimer l'exposant d'une quantité quand il vaut l'unité. Ainsi $a^2b^1c^1=a^2bc$ et réciproquement $a^2bc=a^2b^1c^1$.

11. Afin de mieux sentir la nécessité de se familiariser avec les notations précédentes et pour prendre une idée exacte de leur briéveté, il suffira d'essayer d'écrire une seule quantité sans le secours des coefficiens et des exposans, en donnant aux lettres qu'elle renferme des valeurs numériques. Qu'on prenne, par exemple, la quantité $5a^4b^3c^2d$ elle s'écrira $aaaabbbccd \times aaaabbbccd \times aaaabbbccd \times aaaabbbccd \times aaaabbbccd$; que seroit-ce donc si les coefficiens et les exposans étoient plus grands, et si l'on remplaçoit chaque lettre par un nombre de plusieurs chiffres. Dans la supposition de $a=2$, $b=3$, $c=4$, $d=5$ la quantité $5a^4b^3c^2d$ prend la valeur numérique $5 \times 2^4 \times 3^3 \times 4^2 \times 5 = 5 \times 16 \times 27 \times 16 \times 5$ ou bien 172800 tout calcul fait.

12. L'opération inverse de la formation des puissances porte le nom d'*extraction des racines*.

On appelle *racine carrée*, *cubique*, *quatrième*, etc......, en général *m.me* d'une quantité, une autre quantité qui, élevée au carré, au cube, à la 4.e puissance, etc..., à la *m.me* puissance reproduit la première. Cette opération s'indique au moyen du signe $\sqrt{}$ (c'est un *r* déformé) qui signifie *racine de* et dans l'ouverture duquel on place le degré de la racine que l'on veut extraire, excepté dans le cas où il est égal à 2. *Ex:* $\sqrt{100} = 10$, $\sqrt[3]{27} = 3$ $\sqrt[4]{16} = 2$ à raison de ce que $10^2 = 100$, $3^3=27$, $2^4=16$. Ces expressions s'énoncent : *Racine carrée de* 100 *égale* 10, *racine cubique de* 27 *égale* 3, *racine quatrième de* 16 *égale* 2. *Autres exemples :* $\sqrt{a^2} = a$, $\sqrt[3]{a^3} = a$, $\sqrt[4]{a^4} = a$, ... $\sqrt[m]{a^m} = a$.

III. *Des différentes espèces de quantités.*

13. On entend par *quantité* ou *grandeur* tout ce qui est susceptible d'augmentation ou de diminution, c'est-à-dire tout ce qui peut être soumis au calcul.

Les algébristes conçoivent qu'il arrive un point où les quantités sont tellement grandes qu'il n'est plus possible de les faire croître, et qu'il en est un autre où elles ne peuvent plus diminuer, à raison de leur petitesse, c'est ce qu'ils appellent l'*infini* et l'*infiniment petit* et ce qu'ils introduisent dans le calcul au moyen des symboles ∞ et o.

Toutes les autres quantités sont renfermées entre ces deux limites et se nomment quantités *finies*.

14. Les quantités sont *numériques* ou *algébriques*. *Numériques*, quand elles sont exprimées par des chiffres. *Ex:* 164, $\frac{3}{5}$. *Algébriques*, quand elles sont exprimées par des lettres, ou des lettres combinées avec des nombres. *Ex:* $a - bc$, $a^3 - 3a^2 b + 6ab^2 - 4b^3$.

15. On appelle *termes* d'une quantité les différentes parties de cette quantité séparées par les signes $+$ et $-$, l'expression $a^3 - 3 a^2 b + 6 a b^2 - 4 b^3$ renferme quatre termes, savoir : a^3, $-3a^2 b$, $+6ab^2$, $-4b^3$.

16. Lorsque le 1.er terme d'une quantité a le signe $+$ on se dispense de l'écrire. *Ex :* $+a^3 - 3a^2 b = a^3 - 3a^2 b$, et réciproquement toute quantité dont le 1.er terme n'a pas de signe est censé avoir le signe $+$. *Ex.* $2a^3 - 4abc = + 2a^3 - 4abc$.

17. On appelle 1.° *Monome*, une quantité d'un seul terme. *Ex.* $6ab^3$, $-3ab^2$. 2.° *Binome*, une quantité com-

posée de deux termes. *Ex :* $3a-b^2$. 3.° *Trinome*, une quantité de trois termes. *Ex :* $-3a^2+2ab-b^2$. 4.° *Quadrinome*, une quantité de quatre termes, etc. On appelle *Série* ou *Infinitinome*, une expression composée d'une infinité de termes ; telle est : $a+a^2+a^3+a^4+a^5+a^6+$ etc.

On appelle aussi *Polynome*, toute expression composée de plusieurs termes ; cette dénomination convient donc aux binomes, trinomes, quadrinomes, etc. ; ainsi la quantité $3ab-ab^3+4bc^2$ est un polynome.

18. Le *degré* d'un terme est le nombre des facteurs littéraux dont il est le produit et s'obtient en prenant la somme de tous les exposans; ainsi le terme $5a^5b^2c$ ou $5aaaaabbc$ est du $5+2+1$ ou huitième degré et renferme en effet huit facteurs littéraux.

19. Une quantité *homogène* est celle dont tous les termes sont du même degré ; dans le cas contraire, on dit qu'elle est *hétérogène*. Le polynome $a^5-3a^2b^3-3ab^4-b^5$ est homogène, puisque tous ses termes sont du cinquième degré, $a^3-3ab+b^2$ est un polynome hétérogène.

20. La *valeur numérique* d'une quantité est le résultat que l'on obtient, lorsque l'on substitue des nombres aux lettres qu'elle renferme. Ainsi dans la supposition de $a=3$, $b=2$ le polynome $a^3-2ab+2b^2$ prend la valeur numérique $3^3-2\times3\times2+2\times2^2=27-12+8=23$; dans celle de $a=1, b=7$ il devient $1^3-2\times1\times7+2\times7^2=1-14+98=85$.

21. *L'ordre des termes d'un polynome est indifférent :* car il est visible que cet ordre n'influe en rien sur les valeurs numériques qu'il peut acquérir, lorsqu'on remplace ses lettres par des nombres : ainsi $a^3-2ab+2b^2=-2ab+a^3+2b^2=2b^2+a^3-2ab$.

22. Lorsqu'on se sert des signes algébriques pour indiquer des opérations à effectuer sur les polynomes, pour éviter toute fausse interprétation et pour faire entendre que ces signes portent sur l'ensemble des termes dont ils sont composés, on renferme chaque polynome dans une

parenthèse. Ainsi pour indiquer les quatre opérations de l'arithmétique entre les deux polynomes $a^2-2ab-b^2$ et $-a^3+3ab-2b^3$, on écrit;

$$(a^2-2ab-b^2)+(-a^3+3ab-2b^3)$$
$$(a^2-2ab-b^2)-(-a^3+3ab-2b^3)$$
$$(a^2-2ab-b^2)(-a^3+3ab-2b^3)$$
$$(a^2-2ab-b^2):(-a^3+3ab-2b^3)$$

cette précaution devient inutile quand on employe le second signe de la division, qu'il suffit alors de prolonger de manière qu'il dépasse le dividende et le diviseur.

Ex : $\frac{a^2-2ab-b^2}{-a^3+3ab-2b^3}$ indique la division des deux polynomes précédens.

Si a l'une de ces quantités on substituoit un monome, on devroit supprimer en même temps la parenthèse correspondante. *Par ex.*, veut-on indiquer que $5a$ doit être multiplié par $-a^3+3ab-2b^3$, on écrit $5a(-a^3+3ab-2b^3)$.

IV. *Sur les quantités négatives.*

23. On distingue deux espèces de termes relativement aux signes dont ils sont affectés. Ceux qui ont le signe $+$ comme $+3ab^2$, $+3c^3$ se nomment *termes additifs* ou *positifs*. Ceux qui ont le signe $-$ comme $-3ab^2$, $-3c^3$ se nomment *termes soustractifs* ou *négatifs*.

24. On conçoit sans peine la signification des termes négatifs lorsqu'ils sont liés à d'autres termes positifs; mais il en est autrement lorsqu'ils sont isolés comme -5, -10, $-b$.

On peut faire voir à ce sujet que *tout nombre négatif isolé, est le resultat d'une soustraction dans laquelle le nombre à retrancher est plus grand que celui dont on veut retrancher* : soustraction que l'on regarde comme inexécutable en arithmétique, mais qui devient possible en interprétant convenablement le signe $-$.

Cette proposition revient évidemment à démontrer celle-ci, *pour retrancher un nombre d'un autre plus petit, il faut retrancher le plus petit du plus grand, et affecter le reste du signe* $-$.

En effet, soit à retrancher 11 de 6 ou ce qui revient au même $6+5$ de 6 le reste sera $6-6-5$ ou 5 ; puisque $6-6=0$.

Soit encore à soustraire 22 de 12 ou ce qui est la même chose $12+10$ de 12, la différence est visiblement $12-12-10$ ou -10 ; en observant que $12-12=0$.

En général soit à retrancher $a+b$ de la quantité plus petite a, on a $a-(a+b)=a-a-b$ ou à cause que $a-a=0$, $a-(a+b)=-b$.

25. 1.° *Tout nombre négatif est plus petit que zéro.*

2.° *Les nombres négatifs sont d'autant plus petits qu'ils paroissent plus grands abstraction faite des signes.*

En effet, si d'un nombre quelconque 5 par exemple, on retranche ce même nombre 5 et ceux qui suivent 6, 7, 8, 9, etc. les restes iront évidemment en diminuant. Or, ces restes sont d'après le numéro précédent 0, 1, 2, 3, 4, etc.; donc, 1.° les nombres négatifs $-1, -2, -3$, etc. sont plus petits que zéro. 2.° De deux nombres négatifs comme -2, -5 le plus petit -5 seroit le plus grand, suppression faite des signes.

26. Il suit de là, que *l'on peut changer les signes des membres d'une inégalité pourvu que l'on change l'ouverture du signe.* Ainsi, les inégalités

$$10>7,\ 3<4,\ 5>0,\ 10>-3,\ 8,\ -8>-12,\ -3<-1\ ;$$

peuvent se remplacer par

$$-10<-7,\ -3>-4,\ -5<0,\ -10<3,\ 8<12,\ 3<1.$$

27. *Tous les nombres positifs et négatifs sont compris entre l'infini positif et l'infini négatif.* Car tous les nombres positifs sont compris entre ∞ et 0 et tous les nombres négatifs entre 0 et $-\infty$.

28. *Les Signes* $+$ et $-$ *qui indiquent des opérations opposées, peuvent aussi servir à marquer une opposition dans les manières d'être des quantités qui en sont affectées.* Cette assertion sera vérifiée dans la suite par un grand nombre d'exemples. Dans ce moment nous nous bornerons à un seul, Supposons qu'un marchand vende a^f un objet qui lui coûte b^f ; son bénéfice sera évidemment $a-b^f$; tant que b est plus petit que a, $a-b$ est positif et exprime un gain réel ; mais si b est plus grand que a, $a-b$ devient négatif et constitue une véritable perte. Ainsi la quantité $a-b$ étant positive ou négative représente donc un gain ou une perte, états de chose visiblement opposés. Dans le cas de $a=b$, $a-b=o$, ce qui indique qu'il n'y a ni gain ni perte.

CHAPITRE II.

ADDITION ET SOUSTRACTION ALGÉBRIQUE.

29. Avant de nous occuper de la résolution des problêmes, but spécial de l'algèbre; nous devons apprendre à effectuer les quatre opérations de l'arithmétique sur les quantités littérales; elles seront en conséquence le sujet de ce premier livre, qui comprendra en outre la formation des puissances et l'extraction des racines des nombres et des expressions algébriques.

L'addition et la soustraction dont nous traiterons d'abord, sont fondées sur une opération secondaire, connue sous le nom de réduction des termes semblables, que nous allons exposer.

I. *Réduction des termes semblables.*

30. On appelle *termes semblables*, ceux qui sont composés des mêmes lettres affectées des mêmes exposans, quels que soient d'ailleurs leurs signes et leurs coefficiens : tels sont $7a^3b^2c$, $-21a^3b^2c$, $\frac{2}{7}a^3b^2c$. Les termes $5ab^2$, $5ab^2c$ qui ne renferment pas les mêmes lettres sont *dissemblables*, ainsi que $8a^3b^2$, $8a^2b^3$ dont les mêmes lettres ne sont pas affectées des mêmes exposans.

31. *La réduction des termes semblables* consiste à les exprimer par un seul, en effectuant les additions et les soustractions indiquées par les signes dont ils sont affectés.

Pour faire cette réduction, *on prend d'une part la somme des termes semblables affectés du signe* $+$, *et de l'autre la somme de ceux qui sont affectés du signe* $-$, *on retranche la plus petite somme de la plus grande, et on donne au reste le signe de la plus grande.* Soit, pour exemple, à réduire le polynome

$5ab^2-6ab^2+10ab^2-8ab^2-ab^2+4ab^2-20ab^2$,

qui ne se compose que de termes semblables. La somme des termes qui ont le signe $+$ est $5\,ab^2 + 10\,ab^2 + 4ab^2$ ou $19\,ab^2$. Celle de ceux qui ont le signe $-$ est $6ab^2 + 8ab^2 + ab^2 + 20\,ab^2$ ou $35\,ab^2$, retranchant la plus petite somme $19\,ab^2$ de la plus grande $35\,ab^2$, on obtient $16\,ab^2$, reste auquel il faut donner le signe $-$ de la plus grande somme; ce polynome, toute réduction faite, est donc égal à $-16\,ab^2$.

Le plus souvent on effectue la réduction à fur et à mesure que les termes se présentent et l'on fait de vive voix les calculs suivans: $5ab^2 - 6ab^2 = -ab^2$, $-ab^2 + 10ab^2 = 9ab^2$, $9ab^2 - 8ab^2 = ab^2$, $ab^2 - ab^2 = 0$, $4ab^2 - 20ab^2 = -16ab^2$.

Lorsqu'un polynome renferme plusieurs espèces de termes semblables, on applique à chaque espèce la règle précédente. Ainsi le polynome

$$6ab^2 - 7ab^3 - 18c^2 - 3 + 15ab^3 - 18ab^2 + 10 + 17c^2 - 2ab^2 - 11 + c^2.$$

qui en renferme de quatre espèces conduit aux calculs suivans :

1.° $6ab^2 - 18ab^2 = -12ab^2$, $-12ab^2 - 2ab^2 = -14ab^2$;

2.° $-7ab^3 + 15ab^3 = 8ab^3$;

3.° $-18c^2 + 17c^2 = -c^2$, $-c^2 + c^2 = 0$;

4.° $-3 + 10 = 7$, $7 - 11 = -4$;

et se réduit à $-14ab^2 + 8ab^3 - 4$.

II. *Addition algébrique.*

32. Le but de cette opération est de trouver la somme de plusieurs nombres exprimés algébriquement.

33. Pour faire l'addition des quantités littérales, il faut *les écrire les unes à la suite des autres avec leurs signes tels qu'ils sont et faire la réduction des termes semblables.* (n.° 31.)

1.er *exemple.* $(a^3 + 3a^2b) + (2a^3 + 4a^2b + b^6)$ $+ (5a^3 + 2b^6) = a^3 + 3a^2b + 2a^3 + 4a^2b + b^6 +$ $5a^3 + 2b^6$,

ou en réduisant $8a^3 + 7a^2b + 3b^6$.

2.e *exemple.* $(5a^3b^2 - 8\,ab) + (2a^3b^2 - 3b^3 + 9ab)$ $+ (-3ab + 3b^3) = 5a^3b^2 - 8ab + 2a^3b^2 - 3b^3 + 9ab$ $- 3ab + 3b^3$,

ou après les réductions $7a^3b^2 - 2ab$.

Pour abréger, on fait souvent la réduction des termes semblables en même temps que l'addition, en se dispensant d'écrire d'abord les termes des quantités données, les uns à la suite des autres.

DÉMONSTRATION. Cette règle est évidente, lorsque, comme dans le 1.er exemple, tous les termes des quantités à ajouter sont positifs.

Supposons donc que ces termes, comme dans le 2.e exemple, soient en partie positifs et en partie négatifs, alors nous dirons ajouter la quantité $2a^3b^2 - 3b^3 + 9ab$ à la quantité $5a^3b^2 - 8\,ab$, c'est évidemment l'augmenter de $2a^3b^2 + 9ab$ et la diminuer en même temps de $3b^8$, donc la somme de ces deux expressions est bien $5a^3b^2 - 8ab + 2a^3b^2 + 9\,ab - 3b^3$, ou $5a^3b^2 - 8ab + 2a^3b^2 - 3b^3 + 9ab$; puisqu'il est permis d'intervertir l'ordre des termes d'un polynome (n.° 21); ensuite faire la somme de cette dernière quantité et du binome $- 3ab + 3b^3$, c'est lui ajouter le terme $3b^3$ et en retrancher le terme $3ab$. Donc la nouvelle somme est $5a^3b^2 - 8ab + 2a^3b^2 - 3b^3 + 9ab + 3b^3 - 3ab$, ou (n.° 21), $5a^3b^2 - 8ab + 2a^3b^2 - 3b^3 + 9ab - 3ab + 3b^3$, ou bien enfin après la réduction $7a^3b^2 - 2ab$. Ce qu'il falloit démontrer.

III. *Soustraction algébrique.*

34. On se propose, dans la *soustraction algébrique*, de trouver la différence de deux nombres exprimés par des lettres.

35. **Pour faire cette opération**, *on écrit la quantité dont on veut soustraire avec ses signes tels qu'ils sont et à sa suite celle que l'on veut retrancher en changeant les signes de tous ses termes. Puis l'on fait la réduction des termes semblables.*

1.er *Ex.* $a - (b - c) = a - b + c$.

2.e *Ex.* $(3a^3 - 2ab) - (5a^3 - 6ab - c^2) = 3a^3 - 2ab - 5a^3 + 6ab + c^2$, ou toute réduction faite $-2a^3 + 4ab + c^2$.

DÉMONSTRATION. Raisonnons d'abord sur le 1.er exemple. La quantité a peut visiblement s'écrire ainsi $a + b - b + c - c$, puisque $b - b = 0$, $c - c = 0$. Supprimons, dans cette dernière expression, la quantité $b - c$ que l'on veut retrancher, on a pour reste $a - b + c$. Pour vérifier, ajoutons $b - c$ et $a - b + c$, la somme $b - c + a - b + c$ se réduit à a, ce qui indique que la soustraction a été bien faite.

Répétons cette démonstration sur le 2.e exemple. La quantité $3a^3 - 2ab = 3a^3 - 2ab + 5a^3 - 5a^3 + 6ab - 6ab + c^2 - c^2$; à raison de ce que $5a^3 - 5a^3 = 0$, $6ab - 6ab = 0$, $c^2 - c^2 = 0$. En enlevant la quantité à soustraire $5a^3 - 6ab - c^2$, on aura pour différence $3a^3 - 2ab - 5a^3 + 6ab + c^2$, expression qui, comme nous l'avons vu, se réduit à $-2a^3 + 4ab + c^2$.

36. *Tout polynome peut se mettre sous la forme $M - N$, M étant la somme de ses termes positifs et N celle de ses termes négatifs.* En effet, soit le polynome

$$5a^3 - 3a^2b - 6ab^2 + 7ab - 63 + 8.$$

On peut d'abord déplacer ses termes de la manière suivante (n.° 21) :

$$5a^3 + 7ab + 8 - 3a^2b - 6ab^2 - 63,$$

et ensuite, d'après la règle de la soustraction, l'écrire ainsi:

$$(5a^3 + 7ab + 8) - (3a^2b + 6ab^2 + 63),$$

c'est-à-dire, sous la forme $M - N$, en posant

$$M = 5a^3 + 7ab + 8,\ N = 3a^2b + 6ab^2 + 63.$$

CHAPITRE III.

MULTIPLICATION ALGÉBRIQUE.

37. Le but de cette opération est d'effectuer le produit de deux nombres exprimés par des termes algébriques.

Pour procéder avec ordre, nous distinguerons deux cas; la multiplication d'un monome par un monome, et celle d'un polynome par un polynome.

I. *Multiplication des monomes.*

38. Pour faire le produit de deux monomes, il est nécessaire de suivre à la fois quatre règles, connues sous le nom de règles, des *lettres*, des *coefficiens*, des *exposans* et des *signes*.

39. RÈGLE DES LETTRES. *Elle consiste à écrire les lettres du multiplicateur à la suite de celles du multiplicande sans interposition de signe.* Ce qui résulte évidemment de ce que l'on indique la multiplication entre plusieurs lettres en les mettant les unes à la suite des autres (n.° 3), *Ex.* $a \times b = ab$, $ab \times cde = abcde$, $a^3b \times c^2d^5 = a^3bc^2d^5$.

40. RÈGLE DES COEFFICIENS. *Le coefficient du produit est égal au coefficient du multiplicande multiplié par celui du multiplicateur.* Ainsi $7a \times 5b = 35ab$, en effet $7a \times 5b = 7 \times a \times 5 \times b$. Or, sans altérer un produit, on peut intervertir l'ordre des facteurs; donc $7a \times 5b = 7 \times 5 \times a \times b = 35ab$. Cette règle a également lieu dans le cas où les coefficiens sont fractionnaires. Ainsi $\frac{2}{3}ab \times \frac{5}{7}c = \frac{2}{3} \times ab \times \frac{5}{7} \times c = \frac{2}{3} \times \frac{5}{7}abc$ ou $\frac{10}{21}abc$.

41. RÈGLE DES EXPOSANS. *L'exposant d'une lettre quelconque du produit égale la somme des exposans de cette même lettre dans le multiplicande et le multiplicateur.* *Ex.* $a^4b^3 \times a^3b = a^7b^4$. En effet $a^4b^3 \times a^3b = aaaa$

bbbaaab, ou bien, en changeant l'ordre des facteurs $a^4b^3 \times a^3b = aaaaaaabbbb = a^7b^4$.

Généralement $a^m b^p c^s \times a^n b^q c^t = a^{m+n} b^{p+q} c^{s+t}$. Car $a^m b^p c^s \times a^n b^q c^t = a^m a^n b^p b^q c^s c^t$. Mais $a^m a^n = a^{m+n}$, puisque la lettre a étant m fois facteur dans le multiplicande et n fois facteur dans le multiplicateur doit se trouver $m + n$ fois facteur au produit. On voit de même que $b^p b^q = b^{p+q}$, $c^s c^t = c^{s+t}$. Donc $a^m b^p c^s \times a^n b^q c^t = a^{m+n} b^{p+q} c^{s+t}$.

42. RÈGLE DES SIGNES. *On donne au produit le signe + quand le multiplicande et le multiplicateur ont le même signe, et le signe — dans le cas contraire.* Ainsi $+a \times +b = +ab$, $+a \times -b = -ab$, $-a \times +b = -ab$, $-a \times -b = +ab$. Ce que l'on a coutume d'énoncer de la manière suivante. *Plus multiplié par plus donne plus, plus par moins donne moins, moins par plus donne moins, moins par moins donne plus.*

1.° $+a \times +b = +ab$. Cette vérité résulte immédiatement de la multiplication arithmétique, car dire, par exemple $5 \times 3 = 15$, c'est dire que $+5 \times +3 = +15$.

2.° $+a \times -b = -ab$. En effet, supposons que l'on ait à multiplier a par $b - b$, le produit se composera évidemment de deux parties, l'une provenant de la multiplication de a par b et l'autre de a par $-b$. Or, le multiplicateur $b - b$ étant nul, le produit doit aussi être nul et conséquemment les deux parties qui le constituent doivent se détruire, ce qui ne peut arriver à moins qu'elles ne soient égales et de signe contraire. La première partie $a \times b = ab$, donc la seconde $a \times -b = -ab$.

3.° $-a \times +b = -ab$. La démonstration est semblable à la précédente, seulement on supposera que l'on a à multiplier $a - a$ par b.

4.° $-a \times -b = +ab$. Si l'on avoit à multiplier $-a$ par $b - b$ le produit seroit zéro, puisque $b - b = 0$.

Mais ce produit se compose de deux parties, savoir, de $-a \times b = -ab$ et de $-a \times -b$, et afin qu'elles puissent s'annuller il faut essentiellement que $-a \times -b = +ab$.

43. Voici des exemples de la multiplication des monomes : $3a^2b^5 \times 7a^3b^4 = 21a^5b^9$, $5a^3b^2c \times -4a^2b^3d^2 = -20a^5b^5cd^2$, $-\frac{2}{5}a^5b^4c \times 3abc^7 = -\frac{6}{5}a^6b^5c^8$, $-\frac{2}{3}a^pb^q \times -\frac{5}{7}a^mb^n = \frac{10}{21}a^{p+m}b^{q+n}$.

II. *Multiplication des polynomes.*

44. Lorsque les deux quantités à multiplier sont composées chacune de plusieurs termes, la règle énoncée se modifie de la manière suivante : *on écrit le multiplicateur au-dessous du multiplicande et l'on souligne le tout. On multiplie successivement tous les termes du premier polynome par chacun des termes du second et on écrit les produits partiels que l'on obtient les uns sous les autres. Enfin on les ajoute en faisant en même temps la réduction des termes semblables, afin d'obtenir le produit total.*

1.er *exemple de multiplication.*

$3ab^2 + 2b^3c^2 + 3c^3$ . . . . multiplicande.
$4ac^2 + 5b^2$ . . . . multiplicateur.

$12a^2b^2c^2 + 8ab^3c^4 + 12ac^5$ . . . . 1.er produit partiel.
$15ab^4 + 10b^5c^2 + 15b^2c^3$ . . . . 2.e produit partiel.

$12a^2b^2c^2 + 8ab^3c^4 + 12ac^5 + 15ab^4$
$+ 10b^5c^2 + 15b^2c^3$ . . . . . . } produit total.

2.ᵉ exemple de multiplication.

$2a^4 - 3a^3b + ab^3 - 2b^4$ . . . . . . multiplicande.
$-5a^2b + 2ab^2 - b^3$ . . . . multiplicateur.

$$\left.\begin{array}{l} -10a^6b + 15a^5b^2 - 5a^3b^4 + 10a^2b^5 \\ +4a^5b^2 - 6a^4b^3 + 2a^2b^5 - 4ab^6 \\ -2a^4b^3 + 3a^3b^4 - ab^6 + 2b^7 \end{array}\right\} \text{produits partiels.}$$

$$\left.\begin{array}{l} -10a^6b + 19a^5b^2 - 8a^4b^3 - 2a^3b^4 \\ +12a^2b^5 - 5ab^6 + 2b^7 \end{array}\right\} \text{produit total.}$$

DÉMONSTRATION. D'abord, si tous les termes des deux facteurs sont positifs, comme dans le 1.ᵉʳ exemple, on pourra raisonner ainsi : multiplier $3ab^2 + 2b^3c^2 + 3c^3$ par $4ac^2 + 5b^2$, c'est prendre $3ab^2 + 2b^3c^2 + 3c^3$ autant de fois qu'il y a d'unités dans $4ac^2$, plus autant de fois qu'il y en a dans $5b^2$, donc $(3ab^2 + 2b^3c^2 + 3c^3)(4ac^2 + 5b^2) = (3ab^2 + 2b^3c^2 + 3c^3)4ac^2 + (3ab^2 + 2b^3c^2 + 3c^3)5b^2$; actuellement, pour faire le produit de $3ab^2 + 2b^3c^2 + 3c^3$ par $5ac^2$, ou celui de $3ab^2 + 2b^3c^2 + 3c^3$ par $5b^2$, il faut évidemment ajouter les trois produits que l'on obtient en multipliant $3ab^2$, $2b^3c^2$, $3c^3$ par $4ac^2$ ou $5b^2$, donc

$$(3ab^2 + 2b^3c^2 + 3c^3)(4ac^2 + 5b^2) = \left\{\begin{array}{l} 3ab^2 \times 4ac^2 + 2b^3c^2 \\ \times 4ac^2 + 3c^3 \times 4ac^2 \\ 3ab^2 \times 5b^2 + 2b^3c^2 \\ \times 5b^2 + 3c^3 \times 5b^2 \end{array}\right.$$

ce qui démontre la règle de la multiplication pour des polynomes composés de termes positifs.

Supposons maintenant que les deux polynomes se composent en partie de termes additifs et en partie de termes soustractifs, auquel cas (n.° 36) ils sont de la forme $M-N$, $P-Q$; M et N désignant les sommes des termes positifs et négatifs du premier, et P et Q les sommes des termes analogues du second. Il est clair d'abord que le produit $(M-N)(P-Q)$ est égal à $M-N$ pris P fois diminué de $M-N$ pris Q fois; et qu'en conséquence $(M-N)(P-Q) = (M-N)P-(M-N)Q$. Afin d'obtenir le produit $(M-N)P$, remarquons que si le multiplicande étoit M, le produit seroit MP; mais comme ce multiplicande est $M-N$ le produit est trop grand de $N \times P$ ou NP, donc $(M-N)P = MP-NP$. On démontreroit par le même raisonnement que $(M-N)Q = MQ-NQ$. Substituant ces valeurs dans le produit cherché, il vient : $(M-N)(P-Q) = MP-NP-(MQ-NQ)$, ou en faisant la soustraction $(M-N)(P-Q) = MP-NP-MQ+NQ$. On voit ainsi que l'on est ramené à opérer sur des polynomes M, N, P, Q dont tous les termes sont positifs, en affectant toutefois les produits obtenus, des signes convenables : ce qui est en tout conforme à la règle énoncée au commencement de ce numéro.

III. *Le produit de plusieurs polynomes homogènes est aussi homogène et d'un degré égal à la somme des degrés des facteurs.*

45. En vertu de la règle des exposans (n.° 41), le degré du produit de deux monomes est égal à la somme de leurs degrés particuliers; et comme un terme quelconque du produit de deux polynomes homogènes de degré m et n résulte de la multiplication d'un terme du premier par un terme du second, il s'ensuit que le produit est encore homogène et du degré $m+n$, on prouveroit de la même manière qu'en multipliant ce produit homogène, par un troisième polynome homogène du degré p, on doit obtenir un polynome homogène du degré $m+n+p$. En continuant ainsi, on étendroit cette démonstration au produit d'un nombre quelconque de facteurs homogènes.

IV. *Sur le produit de la somme de deux quantités par leur différence.*

46. *Le produit de la somme de deux quantités par leur différence, égale la différence des carrés de ces quantités ; et réciproquement, la différence des carrés de deux quantités égale la somme de ces deux quantités multipliée par leur différence.*

Désignons par A et B deux quantités quelconques, monomes ou polynomes, entières ou fractionnaires ; et multiplions leur somme $A+B$ par leur différence $A-B$.

$$\begin{array}{c} A+B \\ A-B \\ \hline A^2+AB \\ -AB-B^2 \\ \hline \end{array}$$

on a donc $(A+B)(A-B)=A^2-B^2$.

Voici des exemples :

$$(10+7)(10-7)=10^2-7^2=100-49=51.$$

et en effet :

$$(10+7)(10-7)=17\times 3=51.$$

$$(5a+6b)\ (5a-6b)=(5a)^2-(6b)^2=25a^2-36b^2.$$

$$(-3a^2+2b^2c)\ (-3a^2-2b^2c)=(-3a^2)^2-(2b^2c)^2$$
$$=9a^4-4b^4c^2.$$

$$(a+b)(a-b)(a^2+b^2)=(a^2-b^2)(a^2+b^2)=a^4-b^4.$$

Réciproquement $A^2-B^2=(A+B)(A-B)$; car cette égalité n'est autre chose que la précédente dont on a changé les membres. *Exemples :*

$$13^2-7^2=(13+7)(13-7)=20\times 6=120.$$

$$a-b=(\sqrt{a}+\sqrt{b})(\sqrt{a}-\sqrt{b}).$$

$$(a+b)^2-(a-b)^2=(a+b+a-b)(a+b-a+b)$$
$$=2a\times 2b=4ab.$$

V. *Ce que c'est qu'ordonner.*

47. *Ordonner une quantité par rapport aux puissances croissantes et décroissantes d'une lettre ;* c'est disposer les termes de manière que les exposants de cette lettre aillent en augmentant ou en diminuant de gauche à droite. La lettre par rapport à laquelle on ordonne se nomme *lettre principale*. Ainsi le polynome $7a^2b - ab - 4a^4b^3 + b^2 - 5a^3$ devient $b^2 - ab + 7a^2b - 5a^3 - 4a^4b^3$, ou $-4a^4b^3 - 5a^3 + 7a^2b - ab + b^2$, suivant qu'il est ordonné par rapport aux puissances croissantes ou décroissantes de la lettre principale a.

Cette manière de disposer les termes d'une quantité a été tirée de l'arithmétique où tous les nombres peuvent être considérés comme des polynomes numériques ordonnés selon les puissances décroissantes de 10. C'est ainsi que

$$25983 = 2.10000 + 5.1000 + 9.100 + 8.10 + 3$$

ou $25983 = 2.10^4 + 5.10^3 + 9.10^2 + 8.10 + 3$,
en observant que $10^4 = 10000$, $10^3 = 1000$, etc.

48. Si, parmi les termes du polynome à ordonner, plusieurs sont affectés d'une même puissance de la lettre principale; *on n'écrit cette puissance qu'une seule fois, en lui donnant pour coefficient, une parenthèse qui renferme toutes les quantités qui la multiplient, et on ordonne ensuite les polynomes placés entre parenthèses par rapport à une seconde lettre.*

Soit, pour fixer les idées, à ordonner le polynome

$$6a^3b - b^2 - 5ac - 3a^2b^3 + 15a^2b^2 - 2abc + b^3 + 2a^3b^3 - 4a^3b^2,$$

par rapport aux puissances décroissantes de la lettre a ; on remarquera que,

1.° $6a^3b + 2a^3b^3 - 4a^3b^2 = (6b + 2b^3 - 4b^2)a^3$,
2.° $-3a^2b^3 + 15a^2b^2 = (-3b^3 + 15b^2)a^2$,
3.° $-5ac - 2abc = (-5c - 2bc)a$,

ce qui permettra de l'écrire ainsi :

$$(6b + 2b^3 - 4b^2)a^3 + (-3b^3 + 15b^2)\, a^2 + (-5c - 2bc)a + b^3 - b^2,$$

ou bien en ordonnant les parenthèses par rapport aux puissances décroissantes de b,

$$(2b^3 - 4b^2 + 6b)a^3 + (-3b^3 + 15b^2)\, a^2 + (-2bc - 5c)\, a + b^3 - b^2.$$

Ces transformations résultent évidemment de ce que, pour former le produit d'un polynome par un monome, il faut multiplier successivement tous les termes du polynome par le monome (n.° 44).

Si dans les parenthèses, il y avoit plusieurs termes affectés d'une même puissance de la lettre b, il faudroit ordonner les parenthèses par rapport à une troisième lettre c, et ainsi de suite.

Les polynomes ordonnés par rapport à deux ou plusieurs lettres se nomment *quantités complexes*. On peut encore, comme nous allons le faire voir, abréger l'écriture de ces sortes d'expressions.

49. Pour simplifier une quantité complexe, *on fait précéder chaque parenthèse des facteurs numériques et littéraux communs à tous les termes qui y sont renfermés, et on les supprime en même temps dans ces différens termes.* En simplifiant par ce procédé le polynome du n.° précédent :

$$(2b^3 - 4b^2 + 6b)a^3 + (-3b^3 + 15b^2)a^2 + (-2bc - 5c)a + b^3 - b^2.$$

On trouve,

1.° $(2b^3 - 4b^2 + 6b)a^3 = (2b \times b^2 - 2b \times 2b + 2b \times 3)a^3 = 2b\,(b^2 - 2b + 3)a^3$.

2.° $(-3b^3 + 15b^2)a^2 = (3b^2 \times -b + 3b^2 \times 5)a^2 = 3b^2\,(-b + 5)a^2$.

3.° $(-2bc-5c)a=c(-2b-5)a$.
4.° $b^3-b^2=b^2\times b-b^2\times 1=b^2(b-1)$.

ce qui le ramène à la forme

$$2b(b^2-2b+3)a^3+3b^2(-b+5)a^2$$
$$+c(-2b-5)a+b^2(b-1).$$

50. Enfin l'on est dans l'usage de faire ensorte que *le premier terme de chaque parenthèse soit positif.* On se sert à cet effet du principe suivant : *un produit de deux facteurs n'est pas altéré lorsqu'on change en même temps les signes des deux facteurs.* Car d'après la règle des signes exposée dans la multiplication (n.° 42), l'on a $+a\times+b=ab$, $+a\times-b=-ab$, $-a\times+b=-ab$, $-a\times-b=+ab$, d'où il est facile de conclure $+a\times+b=-a\times-b$, $+a\times-b=-a\times+b$. C. Q. F. D.

En vertu de ce principe, $3b^2(-b+5)a^2=-3b^2(b-5)a^2$, $c(-2b-5)a=-c(2b+5)a$; et le polynome que nous nous sommes proposés d'ordonner devient par ces nouvelles transformations :

$$2b(b^2-2b+3)a^3-3b^2(b-5)a^2-c(2b+5)a$$
$$+b^2(b-1).$$

51. *De deux polynomes ordonnés suivant les puissances décroissantes d'une même lettre, celui dont le premier terme est affecté de la plus haute puissance de cette lettre, est regardé comme le plus grand.* De deux nombres ordonnés, comme nous l'avons dit (n.° 47), le plus grand est visiblement celui qui renferme la plus haute puissance de 10. Par analogie on a étendu ce principe aux polynomes algébriques, quoique souvent il se trouve en défaut lorsqu'on substitue des nombres aux lettres. Ainsi, algébriquement parlant, $a^3-3a^2-10a+1>a^2+7a+10$; cependant cette inégalité, comme il est facile de s'en convaincre, est fausse lorsqu'on suppose $a=3$..

VI. *Avantage d'ordonner dans la multiplication.*

52. Lorsque le multiplicande et le multiplicateur sont ordonnés par rapport aux puissances décroissantes d'une lettre commune, et qu'il n'existe pas d'interruption dans les exposans du multiplicande, on peut reculer vers la droite les différens produits partiels de manière que tous les termes du produit affectés d'une même puissance de la lettre principale, se trouvent les uns sous les autres. Par ce moyen : 1.° *on sera dispensé de rechercher les termes semblables qui se trouveront essentiellement dans la même colonne verticale ;* 2.° *on aura l'avantage d'obtenir le produit tout ordonné.*

3.e *exemple de multiplication.*

$$\frac{2}{3}a^3-3a^2b-\frac{1}{2}ab^2+5b^3$$
$$-2a^2+\frac{2}{3}ab-\frac{1}{3}b^2$$

$-\frac{4}{3}a^5+6b$	a^4+b^2	a^3-10b^3	a^2	
$+\frac{4}{9}b$	$-2b^2$	$-\frac{1}{3}b^3$	$+\frac{10}{3}b^4$	a
	$-\frac{2}{9}b^2$	$+b^3$	$+\frac{1}{6}b^4$	$-\frac{5}{3}b^5$

$$-\frac{4}{3}a^5+\frac{58}{9}b\,a^4-\frac{11}{9}b^2\,a^3-\frac{28}{3}b^3a^2+\frac{7}{2}b^4\,a-\frac{5}{3}b^5.$$

4.e Exemple de multiplication.

$(b+1)a^2-2ba-2(b-2)$
$2ba^2+(b-1)a-b.$

$2b(b+1)a^4-4b^2$	$a^3 \quad -4b(b-2)$	a^2	
$+b^2-1$	$-2b(b-1)$	$-2(b-1)(b-2)$	a
	$-b(b+1)$	$+2b^2$	$+2b(b-2)$
$2b(b+1)a^4-(3b^2+1)$	$a^3-b(7b-9)$	$a^2 \quad +2(3b-2)$	$a+2b(b-2).$

En ajoutant les produits partiels on remarquera que,

1.° $-4b^2+b^2-1=-3b^2-1=-(3b^2+1)$;

2.° $-4b(b-2)-2b(b-1)-b(b+1)=-b[4(b-2)+2(b-1)+b+1]=-b[4b-8+2b-2+b+1]$
$=-b(7b-9)$;

3.° $-2(b-1)(b-2)+2b^2=-2b^2+4b+2b-4+2b^2=6b-4=2(3b-2)$.

S'il existoit des lacunes dans les exposans du multiplicande, on pourroit encore employer les mêmes dispositions pourvu qu'on laissât en blanc les places que devroient occuper les termes manquans.

Enfin l'on peut remarquer que tout ce qui précède s'applique également au cas où les deux polynomes seroient ordonnés par rapport aux puissances ascendantes d'une lettre commune.

53. *Les termes extrêmes du produit de deux polynomes ordonnés, sont égaux l'un au produit des premiers termes du multiplicande et du multiplicateur, et l'autre au produit des derniers termes de ces mêmes quantités.* En portant les yeux sur les deux multiplications précédentes, on voit en effet que la première et la dernière colonne, ne contenant chacune qu'un seul terme, ne donnent lieu à aucune réduction. Ainsi (3.e *exemple*)

$$-\frac{4}{3}a^5 = \frac{2}{3}a^3 \times -2a^2,\quad -\frac{5}{3}b^5 = 5b^3 \times -\frac{1}{3}b^2$$

et (4.e *exemple*)

$$2b(b+1)a^4 = (b+1)a^2 \times 2ba^2,\ 2b(b-2) = -2(b-2) \times -b.$$

Ce principe, sur lequel nous fonderons la règle de la division des polynomes, n'a visiblement lieu que dans le cas où les coefficiens des mêmes puissances de la lettre principale sont réunis dans des parenthèses ; au reste, il n'est qu'un cas particulier de ce principe beaucoup plus général. *Les termes extrêmes du produit de plusieurs polynomes ordonnés selon les puissances ascendantes ou descendantes d'une lettre commune, sont égaux aux produits des premiers et des derniers termes de tous les facteurs.*

54. *Le produit de deux polynomes composés, l'un de* m *termes et l'autre de* n, *a au moins deux termes et au plus* mn. 1.° Ce produit a au moins deux termes, puisque parmi les termes d'un produit il y en a toujours au moins

deux qui ne subissent aucune réduction (n.° 53), *Ex.* $(a^2+ab+b^2)(a-b)=a^3-b^3$; 2.° Ce produit ne peut avoir plus de mn termes. En effet, dans la supposition qu'aucun de ses termes ne soient susceptibles d'être réduits, chaque terme du multiplicateur ne peut en donner que m au produit, les n du multiplicateur ne pourront donc produire plus de mn termes. Cette circonstance se présente dans le 1.er exemple de multiplication du (n.° 44).

CHAPITRE IV.

DIVISION ALGÉBRIQUE.

55. Le but de la *division algébrique* est : connoissant un produit et l'un de ses facteurs, déterminer l'autre facteur. Ces trois quantités sont appelées, comme en arithmétique : *dividende*, *diviseur*, *quotient*.

I. *Division des monomes*.

56. La division des monomes exige, comme la multiplication, la connoissance de quatre règles relatives aux *lettres*, aux *coefficiens*, aux *exposans* et aux *signes*, que nous allons successivement exposer.

57. Règle des lettres. *Elle consiste à supprimer dans le dividende les lettres du diviseur qui lui sont communes et à indiquer simplement la division pour les lettres du diviseur étrangères au dividende*. *Ex*. $ab : a = b$, $abc : bd = \frac{ac}{d}$, $a^3b^2 : a^3c^5 = \frac{b^2}{c^5}$. En effet, $ab : a = \frac{ab}{a} = b$, $abc : bp = \frac{abc}{bd} = \frac{ac}{d}$, $a^3b^2 : a^3c^5 = \frac{a^3b^4}{a^3c^5} = \frac{b^2}{c^5}$; puisqu'on ne change pas la valeur d'une fraction en divisant ses deux termes par le même nombre.

58. Règle des coefficiens. *Le coefficient du quotient est égal au coefficient du dividende divisé par le coefficient du diviseur*. *Ex*. $6ab : 3a = 2b$, $\frac{2}{3}\,abc : \frac{5}{7}\,ad = \frac{14}{15}\,\frac{bc}{d}$. Car si l'on faisoit la preuve, le coefficient du dividende seroit le produit du coefficient du diviseur par celui du quotient (n.° 40). Or, si l'on divise un produit par l'un de ses facteurs, on doit avoir pour quotient l'autre. Donc *le coefficient du quotient est égal au coefficient du dividende*, etc.

59. RÈGLE DES EXPOSANS. *L'exposant d'une lettre quelconque du quotient est égal à la différence des exposans de la même lettre dans le dividende et le diviseur. Ex.* $6a^5b^4c : 2a^3b = 3a^2b^3c$, $a^mb^pc^s : a^nb^qc^t = a^{m-n}b^{p-q}c^{s-t}$. En effet, le diviseur multiplié par le quotient devant reproduire le dividende, l'exposant d'une lettre quelconque du dividende est égal à la somme des exposans de la même lettre dans le diviseur et le quotient. (n.° 41.) Mais si d'un tout composé de deux parties, on retranche l'une de ses parties, on obtient pour reste l'autre. Donc, *l'exposant d'une lettre quelconque du quotient est égal*, etc.

60. RÈGLE DES SIGNES. *Le quotient prend le signe +, quand le dividende et le diviseur ont le même signe, et le signe — quand ils sont de signes différens.* Ainsi $+ab:+a = +b$, $-ab:-a=+b$, $+ab:-a=-b$, $-ab:+a=-b$. Ces quotiens sont visiblement exacts, car ce sont les seules quantités qui, multipliées par leurs diviseurs respectifs, reproduisent les dividendes correspondans. (n.° 42.)

61. Voici des exemples de la division des monomes :

$$12a^5b^2c:4a^2b=3a^3bc, -24a^{15}b:-6a^5bc^2=\frac{4a^{10}}{c^2}$$

$$3a^5b:-\frac{5}{3}abc^3=-\frac{9}{5}\frac{a^4}{c^3}, -\frac{3}{11}a^mb^p:\frac{2}{7}a^mc^q=-\frac{21}{22}\frac{b^p}{c^q}$$

II. *De l'Exposant* o

62. *Toute expression qui a pour exposant* o *est égale à l'unité.* Ainsi, que A représente une expression quelconque, on a $A^0=1$. En effet, quelque soit m, (n.° 59.) l'on a $\frac{A^m}{A^m}=A^{m-m}$, ou en observant que $m-m=0$, $\frac{A^m}{A^m}=A^0$. Mais on a aussi $\frac{A^m}{A^m}=1$ puisque les deux termes de cette fraction sont égaux ; de ces deux égalités on déduit évidemment $A^0=1$. *C.Q.F.D. Ex.* $6^0=1$, $(\frac{2}{3})^0=1$, $(a^2-2a=5)^0=1$.

63. *Toute quantité indépendante d'une lettre (c'est-à-dire qui ne la renferme pas) peut être considérée comme ayant pour facteur la puissance* o *de cette lettre.* Ainsi, $b=ba^{o}$, $3b^{2}=3b^{2}a^{o}$, $3c-d^{2}=(3c-d^{2})a^{o}$. Ce qui est évident puisque $a^{o}=1$.

64. Puisque $A^{o}=1$ quelque soit A, on doit avoir aussi $o^{o}=1$, ce qui paroît absurde puisque toutes les puissances de o sont égales à o. Pour éclaircir ce résultat, remarquons que o^{o} provient de la division de o^{m} ou simplement de o par o, or, $\frac{o}{o}$ représente un nombre quelconque, car quelque soit le quotient, multiplié par le diviseur o, il produira toujours le dividende o. L'égalité $o^{o}=1$, ou $\frac{o}{o}=1$ n'est donc pas absurde, elle est seulement trop particulière. L'expression $\frac{o}{o}$ est d'un grand usage dans l'algèbre où elle est connue sous le nom de *Symbole de l'indétermination.*

III. *Théorie des exposans négatifs.*

65. *Les exposans négatifs proviennent des divisions dans lesquelles les exposans du dividende sont plus petits que les exposans de même lettre dans le diviseur.* Ainsi le quotient de a^{12} divisé par $a^{17}=a^{12-17}$ ou a^{-5}; celui de $a^{3}b^{2}$ par $a^{7}b^{3}=a^{3-7}b^{2-3}$ ou $a^{-4}a^{-1}$. En général, $A^{-m}=\frac{A^{k}}{A^{k+m}}$ quelque soit k, car en effectuant la division $\frac{A^{k}}{A^{k+m}}=A^{k-k-m}$ ou A^{-m} à cause de $k-k=o$.

66. *Toute expression affectée d'un exposant négatif ou positif, égale l'unité divisée par cette expression dans laquelle on a changé le signe de l'exposant.* Ainsi, $A^{-m}=\frac{1}{A^{m}}$, $A^{m}=\frac{1}{A^{-m}}$. 1.° Quelque soit k, $A^{-m}=\frac{A^{k}}{A^{k+m}}$ posant $k=o$ et observant que $A^{o}=1$, l'égalité précédente devient $A^{-m}=\frac{1}{A^{m}}$. *Autrement* : $A^{-m}=\frac{A^{k}}{A^{k+m}}$ peut s'écrire ainsi :

$A^{-m} = \frac{A^k}{A^k \times A^m}$ divisant les deux termes de la fraction du second membre par A^k l'on a $A^{-m} = \frac{1}{A^m}$. *Ex.* $a^{-5} = \frac{1}{a^5}$, $(a-b)^{-3} = \frac{1}{(a-b)^3}$, $(a^2-2a+3)^{-1} = \frac{1}{a^2-2a+3}$.

2.° L'égalité $A^{-m} = \frac{1}{A^m}$ fait voir que A^{-m} est le quotient d'une division dont le dividende est l'unité et dont le diviseur est A^m. Or si l'on divise le dividende par le quotient on doit retrouver le diviseur, donc $A^m = \frac{1}{A^{-m}}$. *Ex.* $a^7 = \frac{1}{a^{-7}}$, $(a+2b)^2 = \frac{1}{(a+2b)^{-2}}$.

Il sera facile actuellement d'évaluer un nombre affecté d'un exposant négatif. Soit pour exemple 5^{-3} on remarque que $5^{-3} = \frac{1}{5^3}$, mais $5^3 = 5 \times 5 \times 5 = 125$, donc $5^{-3} = \frac{1}{125}$.

Soit encore 10^{-5}; on a $10^{-5} = \frac{1}{10^5}$, mais $10^5 = 10.10.10.10.10 = 100000$ donc $10^{-5} = \frac{1}{100000} = 0,00001$.

On peut encore conclure de ce principe que tout nombre décimal peut être ordonné suivant les puissances décroissantes de 10, car, soit pris pour exemple le nombre 2579,318, on pourra le mettre sous la forme.

$$2.1000+5.100+7.10+9+3.\frac{1}{10}+1.\frac{1}{100}+8.\frac{1}{1000}$$

et par suite sous celle-ci.

$$2.10^3+5.10^2+7.10+9+3.\frac{1}{10}+1.\frac{1}{10^2}+8.\frac{1}{10^3}$$

en observant que $10^3 = 1000$, $10^2 = 100$, etc. Ou bien enfin sous cette autre.

$$2.10^3+5.10^2+7.10^1+9.10^0+3.10^{-1}+1.10^{-2}+8.10^{-3}$$

67. *On peut faire passer un facteur d'un terme d'une fraction dans l'autre en changeant le signe de son exposant.* Ainsi $\frac{a^m b^n}{c^p d^q} = \frac{a^m b^n c^{-p}}{d^q}$ et $\frac{a^m b^n}{c^p d^q} = \frac{b^n}{a^{-m} c^p d^q}$. En

effet; 1.° $\frac{a^m b^n}{c^p d^q} = \frac{a^m b^n}{d^q} \times \frac{1}{c^p}$, mais $\frac{1}{c^p} = c^{-p}$ donc $\frac{a^m b^n}{c^p d^q} = \frac{a^m b^n}{d^q} \times c^{-p} = \frac{a^m b^n c^{-p}}{d^q}$; 2.° $\frac{a^m b^n}{c^p d^q} = \frac{b^n}{c^p d^q} \times a^m$, mais $a^m = \frac{1}{a^{-m}}$ substituant $\frac{a^m b^n}{c^p d^q} = \frac{b^n}{c^p d^q} \times \frac{1}{a^{-m}} = \frac{b^n}{a^{-m} c^p d^q}$.

Au moyen de cette transformation, toute expression fractionnaire peut se mettre sous forme entière et réciproquement. *Ex.* $\frac{a^3 b^2}{c^4 d^5} = a^3 b^2 c^{-4} d^{-5}$, $a^8 b^6 = \frac{1}{a^{-8} b^{-6}}$.

68. *La règle de la multiplication relative aux exposans*, démontrée (n.° 41) dans le cas où ils sont positifs, *convient également aux exposans négatifs.* Ainsi $a^m \times a^{-n} = a^{m-n}$, $a^{-m} \times a^n = a^{-m+n}$, $a^{-m} \times a^{-n} = a^{-m-n}$. En effet: 1.° $a^m \times a^{-n} = a^m \times \frac{1}{a^n} = \frac{a^m}{a^n} = a^{m-n}$; 2.° $a^{-m} \times a^n = \frac{1}{a^m} \times a^n = \frac{a^n}{a^m} = a^{n-m} = a^{-m+n}$; 3.° $a^{-m} \times a^{-n} = \frac{1}{a^m} \times \frac{1}{a^n} = \frac{1}{a^{m+n}} = a^{-m-n}$.

69. *La règle des exposans de la division* (n.° 59) *convient également aux exposans négatifs.* Ainsi $a^m : a^{-n} = a^{m+n}$, $a^{-m} : a^n = a^{-m-n}$, $a^{-m} : a^{-n} = a^{-m+n}$. En effet; 1.° $a^m : a^{-n} = a^m : \frac{1}{a^n} = a^m a^n = a^{m+n}$; 2.° $a^{-m} : a^n = \frac{1}{a^m} : a^n = \frac{1}{a^{m+n}} = a^{-m-n}$; 3.° $a^{-m} : a^{-n} = \frac{1}{a^m} : \frac{1}{a^n} = \frac{a^n}{a^m} = a^{n-m} = a^{-m+n}$.

IV. *Division des polynomes.*

70. Pour effectuer la division de deux polynomes; *on ordonne le dividende et le diviseur par rapport aux puissances décroissantes d'une lettre commune, en ayant le soin de renfermer entre parenthèses, les coefficiens des termes affectés des mêmes puissances de cette lettre. On écrit le diviseur à la suite du dividende en les séparant*

par un trait vertical; enfin on souligne le diviseur pour écrire au-dessous les termes du quotient.

Cela fait, *on divise le 1.er terme du dividende par le 1.er terme du diviseur ; le résultat est le 1.er terme du quotient.*

On retranche du dividende le produit du diviseur par le 1.er terme du quotient, et après avoir ordonné le reste, on divise son 1.er terme par le 1.er terme du diviseur ; le résultat est le 2.e terme du quotient.

On retranche du 1.er reste le produit du diviseur par le 2.e terme du quotient et on obtient un 2.e reste dont le 1.er terme divisé par le 1.er terme du diviseur, fournit le 3.e terme du quotient, etc.

On continue ainsi jusqu'à ce que l'on soit parvenu à un reste nul auquel cas la division est dite exacte, ou à un reste algébriquement plus petit que le diviseur. (n.° 51).

Voici plusieurs exemples dans lesquels le dividende et le diviseur ont été ordonnés préalablement.

Exemple de division exacte.

Dividende.	Diviseur.
$15a^5-a^4+13a^3+22a^2-12a+5$	$3a^2-2a+5.$
$15a^5-10a^4+25a^3$	Quotient.
	$5a^3+3a^2-2a+1.$

1.er Reste. $9a^4-12a^3+22a^2-12a+5$
$9a^4-6a^3+15a^2$

2.e Reste. . $-6a^3+7a^2-12a+5$
$-6a^3+4a^2-10a$

3.e Reste. . . . . $3a^2-2a+5$
$3a^2-2a+5$

4.e Reste 0

Exemple de division avec reste.

Dividende.	Diviseur.
$3a^4 - \frac{5}{2}a^3b - \frac{5}{3}a^2b^2 + \frac{1}{2}ab^3$	$3a^2 - \frac{1}{2}ab + b^2$
$3a^4 - \frac{1}{2}a^3b + a^2b^2$	Quotient.
	$a^2 - \frac{2}{3}ab - b^2$

1.er Reste. $-2a^3b - \frac{8}{3}a^2b + \frac{1}{2}ab^3$

$-2a^3b + \frac{1}{3}a^2b^2 - \frac{2}{3}ab^3$

2.e Reste. $-3a^2b^2 + \frac{7}{6}ab^3$

$-3a^2b^2 + \frac{1}{2}ab^3 - b^4$

3.e Et dernier reste. $\frac{2}{3}ab^3 + b^4$

Exemple de division complexe.

Dividende.	Diviseur.
	$(b+1)a^2 - ba - 1$
$3(b+1)a^4 + (b^2-3b-1)a^3 - (b^2+4)a^2 + a + 1$	Quotient.
$3(b+1)a^4 \quad -3ba^3 \quad -3a^2$	$3a^2 + (b-1)a - 1$

1.er Reste. $(b^2-1)a^3 - (b^2+1)a^2 + a + 1$

$(b^2-1)a^3 - (b^2-b)a^2 - (b-1)a$

2.e Reste. $-(b+1)a^2 + ba + 1$

$-(b+1)a^2 + ba + 1$

3.e Reste. 0

La preuve de la division se fait comme en arithmétique. On multiplie le diviseur par le quotient, et, si l'on a bien opéré, en ajoutant le produit avec le reste, on doit retrouver le dividende.

DÉMONSTRATION. Le dividende étant égal au diviseur multiplié par le quotient, si l'on conçoit ce quotient ordonné suivant les puissances décroissantes de la même lettre que le dividende et le diviseur, le premier terme du dividende, en vertu du (n.° 53), sera le produit du 1.er terme du diviseur par le 1.er terme du quotient ; or, si l'on divise un produit par l'un de ses facteurs, on a pour quotient l'autre : donc le résultat de la division du 1.er terme du dividende par le 1.er terme du diviseur est bien le 1.er terme du quotient.

Si l'on retranche du dividende le diviseur multiplié par le 1.er terme du quotient, le reste exprime le produit du diviseur par tous les autres termes du quotient à l'exception du 1.er ; et si ce reste est ordonné, son 1.er terme (n.° 53), est le produit du 1.er terme du diviseur par le 2.e terme du quotient.

On prouveroit, par le même raisonnement, que le 1.er terme du 2.e reste divisé par le 1.er terme du diviseur doit produire le 2.e terme du quotient, est ainsi de suite.

En général : *le 1.er terme du* m^{me} *reste divisé par le 1.er terme du diviseur, fournit le* $m+1$.^{ième} *terme du quotient.* Soit en effet A, B, R le dividende, le diviseur et ce $m^{ième}$ reste ; soit aussi p l'ensemble des m termes connus du quotient et q la réunion des termes suivans, en sorte que le quotient complet et ordonné soit $p+q$: on aura $A=B(p+q)$ ou $A=Bp+Bq$. Retranchant Bp dans chaque membre et remarquant que $A-Bp$ n'est autre chose que R, il vient $R=Bq$; le 1.er terme de R est donc le produit des premiers termes de B et q (n.° 53), et par conséquent le 1.er terme de R divisé par le 1.er terme de B doit fournir le 1.er terme de q, c'est-à-dire le $m+1^{ième}$ terme du quotient.

Il est facile de déduire de ce qui précède, *la nécessité d'ordonner le dividende, le diviseur et les restes successifs, et de réunir en une seule parenthèse tous les termes affectés d'une même puissance de la lettre principale.* En effet, si l'on ne prenoit pas cette précaution, le principe du (n.° 53) sur lequel nous avons établis nos raisonnemens, ne subsisteroit plus, et la règle énoncée se trouveroit généralement en défaut.

Enfin pour compléter cette démonstration, nous ferons

remarquer que les puissances de la lettre principale disparoissant successivement dans les différens restes par l'effet des soustractions; on doit arriver essentiellement à un reste algébriquement plus petit que le diviseur, après un nombre de divisions partielles égal, tout au plus, à la différence des plus forts exposans de cette lettre dans le dividende et le diviseur augmenté d'une unité.

V. *Remarques sur la division des polynomes.*

71. *Lorsqu'après avoir obtenu un reste plus petit que le diviseur, on continue à faire la division, on trouve généralement au quotient une série de termes, affectés des puissances négatives de la lettre principale.* Pour vérifier cette assertion, il suffira de diviser a^4+1 par a^3-a^2

$$\begin{array}{l|l} a^4+1 & a^3-a^2 \\ \cline{2-2} a^4-a^3 & a+a^0+a^{-1}+a^{-2}+2a^{-3}+\text{etc.} \\ \cline{1-1} a^3+1 & \\ a^3-a^2 & \\ \cline{1-1} a^2+1 & \\ a^2-a & \\ \cline{1-1} a+1 & \\ a-1 & \\ \cline{1-1} \quad 2 & \\ \quad 2-2a^{-1} & \\ \cline{1-1} \quad\quad 2a^{-1} & \end{array}$$

72. *Lorsqu'on a trouvé au quotient, un terme dans lequel l'exposant de la lettre principale est égal à la différence des plus foibles exposans de cette lettre dans le dividende et le diviseur, on peut en conclure que la division ne se fait pas exactement.* Ainsi, dans l'exemple

précédent, quand on a trouvé au quotient le terme a^{-2} dans lequel l'exposant -2 égale le plus foible exposant o du dividende diminué du plus foible exposant 2 du diviseur, on est certain que la division est inexacte.

En effet, supposons un instant que la division d'un polynome par un autre soit exacte ; et soit m, n et x les exposans de la lettre par rapport à laquelle on a ordonné, dans les derniers termes du dividende, du diviseur et du quotient, on aura entre ces trois nombres la relation $n+x=m$ puisque le dernier terme du dividende provient sans réduction du dernier terme du diviseur multiplié par le dernier terme du quotient (n.° 53), et que l'exposant d'une lettre d'un produit égale la somme des exposans de la même lettre dans les deux facteurs. De cette égalité, on retire $x=m-n$; donc, si après avoir obtenu au quotient un terme affecté de la puissance $m-n$ de la lettre principale, le reste n'est pas nul, la division est essentiellement inexacte. *C. Q. F. D.*

73. En réfléchissant sur la démonstration du (n.° 70), on conçoit sans difficulté que *la règle de la division peut s'appliquer également aux polynomes ordonnés suivant les puissances croissantes d'une lettre commune, et qu'alors dans ce cas, le quotient est aussi ordonné de la même manière.* Toutefois, il est à remarquer que, les restes successifs croissant au lieu de décroître, il sera impossible d'arriver à un reste plus petit que le diviseur, si la division doit être inexacte surtout.

Ce nouveau procédé de division, est employé lorsqu'on veut obtenir le quotient en série procédant selon les puissances positives et croissantes de la lettre principale. Il prend alors le nom de *série reccurente*, à raison de ce que le coefficient de l'un quelconque de ses termes, peut se déduire des coefficiens des termes précédens d'après une loi uniforme. Pour fixer les idées, effectuons de cette manière la division de $1+a$ par $1-a-a^2$.

$$\begin{array}{l|l} 1+a & 1-a-a^2 \\ \cline{2-2} 1-a-a^2 & 1+2a+3a^2+5a^3+8a^4+\text{etc.} \\ \cline{1-1} 2a+a^2 & \\ 2a-2a^2-2a^3 & \\ \hline 3a^2+2a^3 & \\ 3a^2-3a^3-3a^4 & \\ \hline 5a^3+3a^4 & \\ 5a^3-5a^4-5a^5 & \\ \hline 8a^4+5a^5 & \\ \ldots\ldots & \end{array}$$

On voit dans ce cas particulier que le coefficient de l'un quelconque des termes du quotient $1+2a+3a^2+5a^3+8a^4+$ etc. égale la somme des coefficiens des deux termes précédens, ce qui permet de le continuer comme il suit sans faire aucun calcul :

$$1+2a+3a^2+5a^3+8a^4+13a^5+21a^6+34a^7+\text{etc.}$$

74. *Lorsque le dividende et le diviseur sont homogènes, le quotient est homogène et d'un degré égal à la différence des degrés du dividende et du diviseur. Tous les restes sont aussi homogènes et de même degré que le dividende.* Soit m et n les degrés du dividende et du diviseur, le 1.er terme du quotient résultant de la division d'un terme du degré m par un terme du degré n est du degré $m-n$. Le produit du diviseur par le 1.er terme du quotient sera donc (n.° 45) du degré $n+m-n$ ou m, et par conséquent le 1.er reste qui provient du dividende diminué de ce produit sera aussi un polynome homogène du degré m. On démontreroit de la même manière que le second terme du quotient est du degré $m-n$, et le 2.e reste un polynome du degré m et ainsi de suite.

Cette loi peut servir à vérifier les exposans du quotient

dans le cas où le dividende et le diviseur sont homogènes. Nous citerons pour exemple la 2.e division effectuée dans le (n.° 70).

75. *Un polynome ne peut être exactement divisible par un autre polynome indépendant de la lettre suivant laquelle il a été ordonné, que lorsque tous les coefficiens de cette lettre, dans le premier, sont exactement divisibles par le second.* Pour fixer les idées, représentons les deux polynomes par Aa^3+Ba^2+Ca+D et P ; A, B, C, D et P étant des expressions indépendantes de a ; et cherchons le quotient de la manière accoutumée. On trouve pour résultat $\frac{A}{P}a^3+\frac{B}{P}a^2+\frac{C}{P}a+\frac{D}{P}$, il faut donc, pour que les coefficiens de ce quotient soient entiers, que A, B, C, D soient exactement divisibles par P. C.Q.F.D. Ainsi le polynome $(b^2-1)a^2+(b-1)a+(b-1)^2$ n'est pas divisible par $b+1$; à raison de ce que $b-1$, $(b-1)^2$ ne sont pas divisibles par $b+1$; mais il est divible exactement par $b-1$, et l'on trouve le quotient $(b+1)a^2+a+(b-1)$, en observant que $\frac{b^2-1}{b-1}=b+1$, $\frac{b-1}{b-1}=1$, $\frac{(b-1)^2}{b-1}=b-1$.

76. En général le fait seul de la division peut apprendre si un polynome est exactement divisible par un autre. Cependant dans certaines circonstances on peut prévoir que la division est inexacte; c'est cequi arrive, par exemple, lorsque le dividende étant un monome, le diviseur est un polynome ou bien lorsque le diviseur renferme des lettres qui ne se trouvent pas dans le dividende. Car, dans le 1.er cas, le quotient ne peut être un monome ni un polynome, puisque si cela étoit, multiplié par le diviseur il reproduiroit au moins un binome (n.° 54) et dans le second, il n'existe pas de polynomes qui, multipliés par le diviseur, donnent un produit indépendant de certaines lettres de ce diviseur.

VI. *Sur la différence des puissances* m *de deux quantités.*

77. *La différence des puissances* m *de deux quantités est exactement divisible par la différence de leur première puissance, et le quotient se compose des* m *produits homogènes du dégré* m—1 *que l'on peut former avec ces deux quantités.*

Désignons par A et B deux quantités quelconques, et afin de nous préparer à la démonstration générale, divisons A^2-B^2, A^3-B^3, A^4-B^4, etc. par $A-B$.

$$\begin{array}{l|l} A^2-B^2 & A-B \\ \underline{A^2-AB} & \overline{A+B} \\ AB-B^2 & \\ \underline{AB-B^2} & \\ \quad 0 & \end{array} \qquad \begin{array}{l|l} A^3-B^3 & A-B \\ \underline{A^3-A^2B} & \overline{A^2+AB+B^2} \\ A^2B-B^3 & \\ \underline{A^2B-AB^2} & \\ AB^2-B^3 & \\ \underline{AB^2-B^3} & \\ \quad 0 & \end{array}$$

$$\begin{array}{l|l} A^4-B^4 & A-B \\ \underline{A^4-A^3B} & \overline{A^3+A^2B+AB^2+B^3} \\ A^3B-B^4 & \\ \underline{A^3B-A^2B^2} & \\ A^2B^2-B^4 & \\ \underline{A^2B^2-AB^3} & \\ AB^3-B^4 & \\ \underline{AB^3-B^4} & \\ \quad 0 & \end{array}$$

Tous les quotiens que nous venons d'obtenir sont exacts, et conformément à l'énoncé, les termes de chacun d'eux sont d'un degré inférieur d'une unité à celui du dividende et en nombre égal à ce dernier degré.

Élevons-nous actuellement au cas le plus général et divisons $A^m - B^m$ par $A - B$.

$$\begin{array}{l|l} A^m - B^m & A - B \\ \hline A^m - A^{m-1}B & A^{m-1} + A^{m-2}B + A^{m-3}B^2 + \text{etc.} \end{array}$$

1.er Reste. $A^{m-1}B - B^m$

$\quad A^{m-1}B - A^{m-2}B^2$

2.e Reste. $A^{m-2}B^2 - B^m$

$\quad A^{m-2}B^2 - A^{m-3}B^3$

3.^{e} Reste. $A^{m-3}B^3 - B^m$.

etc....

En examinant les restes successifs $A^{m-1}B - B^m$, $A^{m-2}B^2 - B^m$, $A^{m-3}B^3 - B^m$ etc. on s'aperçoit qu'ils ont tous le même second terme $-B^m$, et que dans le 1.er terme de l'un quelconque d'entre eux, l'exposant de B indique le nombre des divisions partielles effectuées, et que celui de A est égal à m diminué de celui de B; on peut donc conclure par analogie qu'après m divisions partielles le reste sera $A^{m-m}B^m - B^m$ ou $A^0 B^m - B^m$ ou bien enfin o, en observant que $A^0 = 1$. Conséquemment le quotient de $A^m - B^m$ par $A - B$ est toujours exact quelque soit m et il se compose de m, termes qui sont visiblement du degré $m-1$, de sorte que les deux derniers termes sont $AB^{m-2} + B^{m-1}$

Pour vérifier ce résultat, on peut multiplier le quotient que l'on vient de trouver par $A - B$, et l'on retombe bien, comme on le voit ci-dessous, sur le dividende $A^m - B^m$.

$$\begin{array}{r} A^{m-1} + A^{m-2}B + A^{m-3}B^2 \ldots + AB^{m-2} + B^{m-1} \\ A - B \\ \hline A^m + A^{m-1}B + A^{m-2}B^2 \ldots + A^2B^{m-2} + AB^{m-1} \\ - A^{m-1}B - A^{m-2}B^2 - A^{m-3}B^3 \ldots - AB^{m-1} - B^m \\ \hline A^m - B^m. \end{array}$$

78 Pour faire une application de la formule précédente, cherchons les *conditions essentielles pour qu'un nombre soit divisible par* 9 *ou par* 3. Considérons pour fixer les idées le nombre particulier 5789. On pourra l'écrire ainsi (n.° 47) $5\times10^3+7\times10^2+8\times10+9$ et par suite, en observant que toutes les puissances de l'unité sont égales à l'unité, il pourra se mettre sous la nouvelle forme

$$\begin{array}{llll} 5(10^3-1^3) & +7(10^2-1^2) & +8(10-1) & \\ +5 & +7 & +8 & +9 \end{array}$$

or, les expressions 10^3-1^3, 10^2-1^2, $10-1$ étant exactement divisibles par $10-1$ ou 9, la première ligne est elle-même exactement divisible par 9 ou par 3. La condition cherchée se réduit donc à ce que la seconde ligne soit en même temps divisible par 9 ou par 3; cette seconde ligne étant composée de la somme des chiffres du nombre donné, la règle pourra s'énoncer ainsi : 1.° *un nombre est divisible par* 9 *ou par* 3 *lorsque la somme de ses chiffres est un multiple de* 9 *ou de* 3. 2.° *le reste que l'on obtient en divisant un nombre par* 9 *ou par* 3, *est égal à l'excès de la somme de ses chiffres, sur le plus grand multiple de* 9 *ou de* 3 *que cette somme renferme.*

CHAPITRE V.

FRACTIONS LITTÉRALES.

79. Lorsqu'il est impossible d'effectuer exactement la division des quantités algébriques, on se contente généralement d'indiquer cette opération : alors le quotient non effectué prend le nom de *fraction littérale*, et le dividende et le diviseur, ceux de *numérateur* et de *dénominateur*. Ainsi, les divisions de $a-2b$ par a^3-b^3, ou de $a^3-3a^2b-b^3$ par a^2-b^2 conduisant à des quotiens indéfinis, on se borne à les présenter sous la forme $\frac{a-2b}{a^3-b^3}$, $\frac{a^3-3a^2b-b^3}{a^2-b^2}$.

Lorsque les deux termes d'une fraction littérale sont ordonnés par rapport à une lettre commune, on la considère comme plus grande ou plus petite que l'unité, suivant que le numérateur est algébriquement plus grand ou plus petit que le dénominateur (n.° 51) ainsi, $\frac{a^3-3a^2b-b^3}{a^2-b^2}>1$, $\frac{a-2b}{a^3-b^3}<1$. Dans le premier cas, l'on peut en extraire les entiers en y appliquant les procédés connus pour les fractions numériques. S'il s'agit, par exemple, de la fraction $\frac{a^3-3a^2b-b^3}{a^2-b^2}$, on divise $a^3-3a^2b-b^3$ par a^2-b^2, on a pour quotient $a-3b$ et pour reste ab^2-4b^3, ce qui permet de l'écrire ainsi $a-3b+\frac{ab^2-4b^3}{a^2-b^2}$ ou $a-3b+\frac{b^2(a-4b)}{a^2-b^2}$.

Désormais nous désignerons sous le nom de *fraction*, toute expression fractionnaire plus grande ou plus petite que l'unité; et lorsque cette expression sera essentiellement plus petite que l'unité, nous la nommerons *fraction proprement dite.*

II. *Réduction des fractions à leur plus simple expression.*

80. On réduit généralement une fraction à sa plus simple expression, en divisant ses deux termes par leur plus grand commun diviseur : mais la recherche de cette quantité, qui d'ailleurs n'est pas essentielle pour l'intelligence des théories que nous nous proposons de développer, est trop compliquée pour trouver place ici. Nous nous bornerons donc à faire voir, par plusieurs exemples, comment on peut suppléer à cette recherche, dans beaucoup de cas, par la suppression des facteurs communs aux deux termes de la fraction, facteurs que l'on aperçoit aisément lorsque l'on a un peu d'habitude.

Soit d'abord à réduire la fraction $\frac{abc}{acf-agc}$ on peut la mettre sous la forme $\frac{ac\times b}{ac\times(f-g)}$ et en supprimant au numérateur et au dénominateur le facteur ac, ce qui ne l'altère pas, l'on obtient: $\frac{b}{f-g}$

Soit encore la fraction $\frac{ab-bc}{a^3-ac^2}$, on voit de suite qu'elle peut s'écrire ainsi $\frac{b(a-c)}{a(a^2-c^2)}$ ou bien $\frac{b(a-c)}{a(a+c)(a-c)}$ puisque $a^2-c^2=(a+c)(a-c)$. Supprimant le facteur $a-c$ commun aux deux termes, il vient pour la fraction réduite $\frac{b}{a(a+c)}$

Soit, pour dernier exemple, à réduire à ses moindres

termes la fraction $\frac{a^2b^2+b^2c^2-b^4-a^2c^2}{a^2b+a^2c-abc-ab^2}$. Remarquons que 1.° $a^2b^2+b^2c^2-b^4-a^2c^2=a^2(b^2-c^2)+b^2(c^2-b^2)$ $=a^2(b^2-c^2)-b^2(b^2-c^2)=(a^2-b^2)(b^2-c^2)=$

$$(a+b)(a-b)(b+c)(b-c).$$

2.° $a^2b+a^2c-abc-ab^2=a(ab+ac-bc-b^2)=$ $a[a(b+c)-b(b+c)]=a(a-b)(b+c)$ et que par suite la fraction donnée devient $\frac{(a+b)(a-b)(b+c)(b-c)}{a(a-b)(b+c)}$, ou bien en effaçant dans les deux termes les facteurs connus $a-b$ et $b+c$; $\frac{(a+b)(b-c)}{a}$, expression qui est visiblement irréductible.

III. *Calcul des fractions.*

81. Le calcul des fractions algébriques étant absolument semblable à celui des fractions numériques, nous nous contenterons d'en rappeler ici les principales règles.

1.° Pour ajouter plusieurs fractions données, *il faut les réduire au même dénominateur*, (on multiplie à cet effet les deux termes de chaque fraction par le produit des dénominateurs de toutes les autres) *et prendre ensuite la somme de leurs numérateurs, en l'affectant du dénominateur commun. Ex.* $\frac{a}{b}+\frac{c}{d}+\frac{e}{f}=\frac{adf}{bdf}+\frac{bcf}{bdf}+\frac{bde}{bdf}=$ $\frac{adf+bcf+bde}{bdf}$

2.° Pour retrancher une fraction d'une autre, *après les avoir ramenées au même dénominateur, on soustrait le numérateur de la première de celui de la seconde, et on affecte la différence du dénominateur commun. Ex.* $\frac{a+b}{a-b}-$ $\frac{a-b}{a+b}=\frac{(a+b)^2}{a^2-b^2}-\frac{(a-b)^2}{a^2-b^2}=\frac{(a+b)^2-(a-b)^2}{a^2-b^2}=$ $\frac{(a+b+a-b)(a+b-a+b)}{a^2-b^2}=\frac{4ab}{a^2-b^2}$

3.° On fait le produit de plusieurs fractions, *en multipliant leurs numérateurs et leurs dénominateurs séparément.* Ex. $\frac{a}{a-b}\times\frac{b}{a+b}\times\frac{c}{a^2+b^2}=\frac{abc}{(a-b)(a+b)(a^2-b^2)}$ $=\frac{abc}{(a^2-c^2)(a^2+b^2)}=\frac{abc}{a^4-b^4}$

6.° Pour faire la division des fractions, *on multiplie la fraction dividende par la fraction diviseur renversée.* ou bien encore, si cela est possible, *on divise numérateur par numérateur et dénominateur par dénominateur.* Ex. $\frac{a^2-1}{a^4-b^4}:\frac{a^4+b^4}{a^2+1}=\frac{(a^2-1)(a^2+1)}{(a^4-b^4)(a^4+b^4)}=\frac{a^4-1}{a^8-b^8}$, $\frac{ab}{a^2-1}:\frac{a}{a+1}=\frac{b}{a-1}$

IV. *Changement qu'éprouve une fraction lorsqu'on retranche une même quantité de ses deux termes.*

82. Prenons l'expression générale $\frac{a}{b}$ qui représente une fraction proprement dite, l'unité ou un nombre fractionnaire, suivant que $a<b$, $a=b$, $a>b$, et retranchons de ses deux termes le nombre k de manière qu'elle devienne $\frac{a-k}{b-k}$; en désignant par x la diminution qu'elle a éprouvée par cette modification, nous aurons $x=\frac{a}{b}-\frac{a-k}{b-k}$ d'où, en faisant la soustraction, $x=\frac{ab-ak}{b(b-k)}-\frac{ab-bk}{b(b-k)}=\frac{bk-ak}{b(b-k)}$ ou bien en mettant k en facteur dans le numérateur, $x=\frac{k(b-a)}{b(b-k)}$

Tant que $b-a$ et $b-k$ sont de mêmes signes, x est positif et indique, comme nous l'avons supposé, l'excès de

$\frac{a}{b}$ sur $\frac{a-k}{b-k}$; mais si $b-a$, $b-k$ sont de signes différens, x devenant négatif, doit être pris dans un sens opposé, (n.° 28) et indique alors que $\frac{a-k}{b-k}$ l'emporte sur $\frac{a}{b}$.

Supposons en premier lieu $a<b$ auquel cas $b-a$ est positif; suivant que k sera $<$ou$>b$, $b-k$ sera positif ou négatif, d'où il suit : *qu'une fraction proprement dite croît ou décroît suivant que l'on retranche de ses deux termes un nombre plus grand ou plus petit que son dénominateur.* Ainsi, $\frac{5}{12} < \frac{5-15}{12-15}$ ou $\frac{-10}{-3}$ ou $\frac{10}{3}$: et $\frac{5}{12} > \frac{5-3}{12-3}$ ou $\frac{2}{9}$

Supposons maintenant $a>b$ c'est-à-dire $b-a$ négatif; x sera positif ou négatif selon que k sera $>$ ou $<b$, ce qui permet de conclure : *qu'un nombre fractionnaire croît ou décroît suivant que l'on soustrait de ses deux termes un nombre plus petit ou plus grand que son dénominateur.* *Ex.* $\frac{12}{5} < \frac{12-3}{5-3}$ ou $\frac{9}{2}$; et $\frac{12}{5} > \frac{12-15}{5-15}$ ou $\frac{-3}{-10}$ ou bien $\frac{3}{10}$

Si le nombre k étoit égal à b, on auroit $x=\frac{b(b-a)}{b(b-b)}$ ou $x=\frac{(b-a)}{0}$ pour interpréter ce résultat, remarquons qu'une fraction est d'autant plus grande que son dénominateur est plus petit relativement à son numérateur. Lors donc que le numérateur d'une fraction étant fini, son dénominateur est infiniment petit ou o, elle doit acquérir une valeur infinie. Ainsi l'égalité $x=\frac{b-a}{0}$ fournit $x=\infty$ ou $x=-\infty$ suivant que a est $<$ ou $>$ b. Ce qui nous apprend que *lorsque* $k=b$, *la différence entre la fraction donnée et la fraction modifiée est infiniment grande.* (n.° 13).

Il nous reste à examiner le cas de $a=b$ pour lequel l'expression $x=\frac{k(b-a)}{b(b-k)}$ devient $x=\frac{k(b-b)}{b(b-k)}$ ou $x=0$. *Une fraction égale à l'unité ne change donc pas de valeur, quelque soit le nombre que l'on retranche de ses deux termes;* ce qui d'ailleurs est évident.

Enfin, si l'on a $a=b$ et en même temps $k=b$, l'égalité $x=\frac{k(b-a)}{b(b-k)}$ fournit $x=\frac{k\times 0}{b\times 0}$ ou bien $x=\frac{0}{0}$ *La différence x se présente alors sous une forme indéterminée* (n.° 64) ce qui provient de ce que, dans cette circonstance, la fraction modifiée est elle-même sous cette forme.

83. Le numéro précédent offre l'exemple d'une *discussion* complète. On appelle ainsi l'examen de toutes les circonstances remarquables dont une formule est susceptible, lorsque l'on fait varier les différentes lettres dont elle est composée. On pourra s'exercer, en suivant la même méthode, sur le changement que subit une fraction, quand on augmente d'une même quantité son numérateur et son dénominateur.

CHAPITRE VI.

FORMATION DES PUISSANCES.

I. *Généralités.*

84. La *puissance m* d'une quantité, comme nous l'avons dit (n.° 9), est le produit de m facteurs égaux à cette quantité. On indique cette opération en renfermant la quantité dans une parenthèse à laquelle on donne pour exposant le degré de la puissance. Ainsi $(3a^2b)^5 = 3a^2b \times 3a^2b \times 3a^2b \times 3a^2b \times 3a^2b$, $(a^2-3bc)^3 = (a^2-3bc)(a^2-3bc)(a^2-3bc)$, $\left(\frac{a}{b}\right)^4 = \frac{a}{b} \times \frac{a}{b} \times \frac{a}{b} \times \frac{a}{b}$. En général, $(a+b+c+d+\text{etc.})^m$, indique la puissance m du polynome $a+b+c+d+$ etc.

85. *La multiplication donne le moyen de développer successivement toutes les puissances d'une expression quelconque.* En effet, par définition, le carré d'une quantité est le produit de cette quantité par elle-même; le cube, le produit du carré par cette quantité, la 4.e puissance, le produit du cube par cette quantité, etc. En général, en multipliant une puissance quelconque d'une quantité, par cette quantité on formera la puissance suivante.

Si la puissance à développer étoit négative, on la rameneroit au développement d'une puissance positive au moyen du principe du (n.° 66).

86. Notre but, dans ce chapitre, sera d'indiquer quelques procédés pour simplifier le calcul des puissances des nombres et des quantités littérales, et en même temps de faire connoître plusieurs résultats dont nous ferons par la suite un fréquent usage.

II. *Sur les puissances des nombres.*

87. *La règle des exposans, dans la multiplication, peut servir à former une puissance déterminée d'un nombre, sans passer par toutes les puissances inférieures.* Pour fixer les idées à cet égard, proposons-nous de former la 12.ᵉ puissance d'un nombre quelconque.

On formera, 1.° le carré en multipliant ce nombre par lui-même; 2.° la 4.ᵉ puissance en multipliant le carré par le carré; 3.° la huitième puissance en multipliant la 4.ᵉ puissance par elle-même; 4.° enfin, la 12.ᵉ puissance, en faisant le produit de la 8.ᵉ par la 4.ᵉ En effet, si l'on représente ce nombre par A on a $A \times A = A^2$, $A^2 \times A^2 = A^4$, $A^4 \times A^4 = A^8$, $A^8 \times A^4 = A^{12}$; ainsi, pour développer 3^{12} on fera les calculs suivants: $3 \times 3 = 9$, $9 \times 9 = 81$, $81 \times 81 = 6561$, $6561 \times 81 = 531441$, donc $3^{12} = 531441$.

On auroit pu former d'abord le cube, puis multiplier le cube par lui-même, ce qui auroit produit la 6.ᵉ puissance, et enfin former le carré de cette dernière pour obtenir la 12.ᵉ, ce qui résulte de ce que $A^3 \times A^3 = A^6$, $A^6 \times A^6 = A^{12}$.

Ce qui précède suffit pour faire comprendre comment on peut abréger la formation d'une puissance donnée d'un nombre. Ce procédé s'applique également à toute espèce de quantités.

88. *La puissance* m *de* 10 *ou* 10^m *est égale à l'unité suivie de* m *zéros, et réciproquement l'unité suivie de* m *zéros est égale à* 10^m. En effet,

$10 = 10^1$	et réciproquement $10^1 = 10$
10×10 ou $100 = 10^2$	$10^2 = 100$
$10 \times 10 \times 10$ ou $1000 = 10^3$	$10^3 = 1000$
$10 \times 10 \times 10 \times 10$ ou $10000 = 10^4$	$10^4 = 10000$
etc.	etc.

d'où l'on peut conclure en général que $10^m = 1$ suivi de m zéros, et réciproquement que 1 suivi de m zéros égale 10^m.

89. *Pour élever une fraction à une puissance quelconque, il faut élever ses deux termes à cette puissance.* Ainsi : $\left(\frac{2}{3}\right)^3=\frac{2^3}{3^3}=\frac{8}{27}$, $\left(\frac{7}{4}\right)^5=\frac{7^5}{4^5}=\frac{16807}{1024}$, $\left(\frac{2a-b}{a^3-b^2}\right)^8=\frac{(2a-b)^8}{(a^3-b^2)^8}$. Généralement $\left(\frac{A}{B}\right)^m=\frac{A^m}{B^m}$; en effet $\left(\frac{A}{B}\right)^2=\frac{A}{B}\times\frac{A}{B}=\frac{A^2}{B^2}$, $\left(\frac{A}{B}\right)^3=\frac{A^2}{B^2}\times\frac{A}{B}=\frac{A^3}{B^3}$, $\left(\frac{A}{B}\right)^4=\frac{A^3}{B^3}\times\frac{A}{B}=\frac{A^4}{B^4}$, etc. ; en continuant ainsi, on prouveroit évidemment que cette règle convient à toutes les puissances, donc $\left(\frac{A}{B}\right)^m=\frac{A^m}{B^m}$.

90. 1.° *Les puissances successives d'un nombre plus grand que l'unité, croissent rapidement et convergent vers l'infini ; 2.° celles d'une fraction proprement dite décroissent au contraire et tendent vers zéro.*

1.° On démontre en arithmétique que le multiplicande est plus petit que le produit, lorsque le multiplicateur est plus grand que l'unité. Donc, désignant par A un nombre plus grand que l'unité, on a $A<A\times A$ ou A^2, $A^2<A^2\times A$ ou A^3, $A^3<A^3\times A$ ou A^4, etc. Donc les quantités A, A^2, A^3 etc., croissent et convergent vers l'infini, ensorte que $A^\infty=\infty$.

2.° On démontre également en arithmétique que le multiplicande est plus grand que le produit lorsque le multiplicateur est plus petit que l'unité ; ainsi A étant <1, on a les inégalités suivantes : $A>A\times A$ ou A^2, $A^2>A^2\times A$ ou A^3, $A^3>A^3\times A$ ou A^4, etc. Les puissances de la fraction proprement dite A, décroissent donc et tendent par conséquent vers zéro, de manière que $A^\infty=0$.

III. *Toutes les puissances d'une fraction irréductible sont irréductibles.*

91. Ainsi les puissances $\frac{2}{3}$, $\frac{4}{9}$, $\frac{8}{27}$, $\frac{16}{81}$, etc. de la fraction irréductible $\frac{2}{3}$ sont réduites à leur plus simple expression. Cette vérité, dont nous ferons bientôt usage, s'établit au moyen des principes suivans.

92. *Lorsqu'une fraction est égale à une autre fraction irréductible, les deux termes de la première sont des multiples égaux des deux termes de la seconde.* Soit en effet $\frac{A}{B}=\frac{a}{b}$, $\frac{a}{b}$ étant une fraction réduite à ses moindres termes, appelons D le plus grand commun diviseur entre A et B et remarquons qu'en divisant par D les deux termes de la fraction $\frac{A}{B}$, elle sera rendue irréductible et deviendra $\frac{a}{b}$ en vertu de la supposition : on a donc $\frac{A}{D}=a$, $\frac{B}{D}=b$, et en multipliant les deux membres de ces égalités par D ; il vient $A=aD$, $B=bD$. *C.Q.F.D.*

93. *Tout nombre premier qui divise un produit de deux facteurs divise exactement l'un ou l'autre de ces facteurs.* Soit ce nombre premier p qui divise le produit $A\times B$, et soit Q le quotient de manière que $\frac{A\times B}{p}=Q$. Si p ne divise pas A, je dis qu'il divise B. En effet, divisons les deux membres de l'égalité précédente par B, on obtient $\frac{A}{p}=\frac{Q}{B}$. Or $\frac{A}{p}$ étant une fraction irréductible, Q et B sont des multiples exacts de A et de p (n.° 92), donc B est divisible par p.

94. *Tout nombre premier qui divise exactement une puissance quelconque d'un nombre, divise aussi exac-*

tement la première puissance. Si le nombre premier p divise exactement A^m, il divise aussi A; en effet, $A^m = A \times A^{m-1}$; donc (n.° 93), p divise A, ou A^{m-1}; admettons qu'il divise A^{m-1}, $A^{m-1} = A \times A^{m-2}$. Donc p divise aussi A^{m-2}. On démontrera de même que p divise exactement A^{m-3}, A^{m-4}, etc. Et il est clair qu'en continuant on arrivera essentiellement à prouver que p divise A.

95. *Toutes les puissances d'une fraction irréductible sont irréductibles.* Si la fraction $\frac{A}{B}$ est irréductible, $\frac{A^m}{B^m}$ jouit de la même propriété. Car, s'il en étoit autrement : soit p un diviseur premier commun à A^m et à B^m, p diviseroit aussi A et B (n.° 94) ; la fraction $\frac{A}{B}$ ne seroit donc pas irréductible, ce qui est contre la supposition.

IV. *Sur les puissances des monomes.*

96. *Pour former une puissance déterminée d'un monome, il faut élever son coefficient à cette puissance et multiplier tous ses exposans par son degré. Ex.* $(3a^3b^2c)^5 = 3^5a^{3.5}b^{2.5}c^5 = 243a^{15}b^{10}c^5$, $\left(\frac{2}{3}a^5bc^2\right)^3 = \frac{2^3}{3^3}a^{5.3}b^3c^{2.3} = \frac{8}{27}a^{15}b^3c^6$. Soit en effet le monome Ca^pb^q dans lequel C indique un coefficient numérique quelconque ; on a $(Ca^pb^q)^2 = Ca^pb^q \times Ca^pb^q = C^2a^{2p}b^{2q}$, $(Ca^pb^q)^3 = C^2a^{2p}b^{2q} \times Ca^pb^q = C^3a^{3p}b^{3q}$, $(Ca^pb^q)^4 = C^3a^{3p}b^{3q} \times Ca^pb^q = C^4a^{4p}b^{4q}$, etc. ; en continuant ainsi, on trouveroit visiblement que cette loi convient à toutes les puissances. Donc en général $(Ca^pb^q)^m = C^ma^{mp}b^{mq}$.

97. *Toutes les puissances paires d'une quantité positive ou négative sont positives.* Ce qui peut s'écrire ainsi : $(\pm A)^{2m} = A^{2m}$ (en remarquant que $2m$ peut représenter tous les nombres paires, puisque en faisant successivement

$m=0$, $m=1$, $m=2$, $m=3$, etc., $2m$ devient 0, 2, 4, 6, etc.); en effet (n.° 96) $(\pm A)^{2m}=[(\pm A)^2]^m$, or $+A \times +A=A^2$ et $-A \times -A=A^2$, donc $(\pm A)^2=A^2$ et $(\pm A)^{2m}=(A^2)^m=A^{2m}$. *C.Q.F.D. Ex.* $(-5)^4=625$ $(-2ab^3)^6=64a^6b^{18}$.

98. *Toutes les puissances impaires d'une quantité ont le signe de cette quantité;* ou algébriquement $(\pm A)^{2m+1}=\pm A^{2m+1}$. (L'expression $2m+1$ devenant 1, 3, 5, 7, etc. lorsque l'on fait $m=0$, $m=1$, $m=2$, $m=3$, etc., peut servir à représenter tous les nombres impairs). En effet $(\pm A)^{2m+1}=(\pm A)^{2m} \times \pm A$, mais (n.° 97) $(\pm A)^{2m}=A^{2m}$, donc $(\pm A)^{2m+1}=A^{2m} \times \pm A$ ou $(\pm A)^{2m+1}=\pm A^{2m+1}$. *C.Q.F.D. Ex.* $(-5)^3=-125$, $(-3a^2b)^5=-243a^{10}b^5$.

99. *La puissance* m *d'un produit égale le produit des puissances* m *de tous les facteurs.* En effet, soit A, B, C, D, etc., plusieurs expressions quelconques, monomes ou polynomes, le produit $A \times B \times C \times$ etc. pouvant être considéré comme un monome, on aura
$(A \times B \times C \times \text{etc.})^m=A^m \times B^m \times C^m \times D^m \times \text{etc.}$ *C.Q.F.D.*

V. *Formation du carré des polynomes.*

100. Formons d'abord le carré de $a+b$.

$$\begin{array}{l} a+b \\ a+b \\ \hline a^2+ab \\ \quad\;\; ab+b^2 \\ \hline \end{array}$$

On trouve $(a+b)^2=a^2+2ab+b^2$.

On pourroit former de la même manière le carré du binome $a-b$; mais on peut le déduire de la formule précédente en substituant $-b$ à b dans les deux membres, ce qui donne
$(a-b)^2=a^2+2a(-b)+(-b)^2$ ou $(a-b)^2=a^2-2ab+b^2$.

On peut réunir les deux formules en une seule $(a\pm b)^2 = a^2 \pm 2ab + b^2$, en convenant de prendre en même temps les signes supérieurs ou inférieurs. On a coutume de l'énoncer ainsi : *le carré d'un binome se compose de trois parties, 1.° le carré du 1.er terme ; 2.° le double produit du premier par le second ; 3.° le carré du second.*

101. Pour former le carré du trinome $a+b+c$, il suffit de changer b en $b+c$ dans la formule $(a+b)^2 = a^2 + 2ab + b^2$, ce qui produit $(a+b+c)^2 = a^2 + 2a(b+c) + (b+c)^2 = a^2 + 2ab + 2ac + b^2 + 2bc + c^2$.

102. Changeons encore c en $c+d$ dans la formule prédente, afin d'obtenir le carré du quadrinome $a+b+c+d$, il vient $(a+b+c+d)^2 = a^2 + 2ab + 2a(c+d) + b^2 + 2b(c+d) + (c+d)^2 = a^2 + 2ab + 2ac + 2ad + b^2 + 2bc + 2bd + c^2 + 2cd + d^2$.

En changeant de nouveau d en $d+e$, on obtiendroit de la même manière le carré de $a+b+c+d+e$, et ainsi de suite.

103. Les termes des résultats précédens peuvent se ranger ainsi :

$$(a+b)^2 = a^2 + 2ab + b^2.$$

$$(a+b+c)^2 = a^2 + b^2 + c^2 + 2ab + 2ac + 2bc.$$

$$(a+b+c+d)^2 = a^2 + b^2 + c^2 + d^2 + 2ab + 2ac + 2ad + 2bc + 2bd + 2cd.$$

etc.

d'où l'on peut conclure par analogie que *le carré d'un polynome quelconque se compose, 1.° de la somme des carrés de chacun de ses termes ; 2.° de la somme des produits que l'on obtient en multipliant le double de chaque terme par chacun des autres.*

Cette loi remarquable peut servir à élever un polynome quelconque au carré, sans faire la multiplication. Voici des exemples :

$(5a+2b)^2=(5a)^2+(2b)^2+2(5a)(2b)=25a^2+4b^2+20ab.$

$$(3a^2-2b^2c)^2=(3a^2)^2+(-2b^2c)^2+2(3a^2)(-2b^2c)=9a^4+4b^4c^2-12a^2b^2c.$$

$$(a^2-2b+3)^2=(a^2)^2+(-2b)^2+3^2+2(a^2)(-2b)+2(a^2)(+3)+2(-2b)(+3)=a^4+4b^2+9-4a^2b+6a^2-12b.$$

104. Nous terminerons cet article en observant que la formule du (n.° 100), combinée avec celle du (n.° 46) sert à effectuer un grand nombre de décompositions très-usitées. On en voit un exemple bien remarquable dans l'expression $4a^2b^2-(b^2+a^2-c^2)^2$. Il est d'abord visible qu'elle est la différence de deux carrés et qu'en conséquence :

$$4a^2b^2-(b^2+a^2-c^2)=(2ab+b^2+a^2-c^2)(2ab-b^2-a^2+c^2).$$

Or, $2ab+b^2+a^2-c^2=(a+b)^2-c^2=(a+b+c)(a+b-c)$.

Et $2ab-b^2-a^2+c^2=c^2-(a-b)^2=(c+a-b)(c-a+b)$.

Donc enfin $4a^2b^2-(b^2+a^2-c^2)^2=(a+b+c)(a+b-c)(c+a-b)(c-a+b)$.

VI. *Formation du cube des polynomes.*

105. Pour former le cube du binome $a+b$, il faut multiplier le carré de ce binome $a^2+2ab+b^2$, par $a+b$.

$$\begin{array}{l} a^2+2ab+b^2 \\ a+b \\ \hline a^3+2a^2b+ab^2 \\ \quad\quad +a^2b+2ab^2+b^3 \\ \hline \end{array}$$

On trouve $(a+b)^3=a^3+3a^2b+3ab^2+b^3$.

Changeant b en $-b$, on a $(a-b)^3=a^3+3a^2(-b)+3a(-b)^2+(-b)^3$, ou $(a-b)^3=a^3-3a^2b+3ab^2-b^3$. Ces deux formules peuvent se réunir en une seule $(a\pm b)^3=a^3\pm 3a^2b+3ab^2\pm b^3$, résultat que l'on peut énoncer de la manière suivante :

Le cube d'un binome contient quatre parties, 1.° le cube du premier terme ; 2.° le triple produit du carré du premier par le second ; 3.° le triple produit du premier terme par le carré du second ; 4.° le cube du second terme.

Voici des exemples : $(2a^2+3b)^3=(2a^2)^3+3(2a^2)^2(3b)+3(2a^2)(3b)^2+(3b)^3=8a^6+36a^4b+54a^2b^2+27b^3$.
$(5a^3-bc)^3=(5a^3)^3+3(5a^3)^2(-bc)+3(5a^3)(-bc)^2+(-bc)^3=125a^9-75a^6bc+15a^3b^2c^2-b^3c^3$.

106. Pour obtenir le cube du trinome $a+b+c$, il suffit de changer b en $b+c$ dans la formule $(a+b)^3=a^3+3a^2b+3ab^2+b^3$, d'où résulte $(a+b+c)^3=a^3+3a^2(b+c)+3a(b+c)^2+(b+c)^3=a^3+3a^2b+3a^2c+3ab^2+6abc+3ac^2+b^3+3b^2c+3bc^2+c^3$.

En changeant dans ce dernier résultat c en $c+d$, on formeroit le cube du quadrinome $a+b+c+d$, et ainsi de suite.

VII. *Sur les puissances de degré supérieur au troisième.*

107. Par des procédés absolument semblables à ceux que nous venons d'employer, on formeroit visiblement les puissances 4.e, 5.e, etc. des polynomes, puissances qui se compliqueroient de plus en plus, et dont la loi générale est trop élevée pour être exposée ici.

Nous terminerons ce chapitre par les deux propositions suivantes :

108. *La puissance* m *d'un polynome homogène du degré* n *est aussi homogène et du degré* nm. En effet la puissance m d'un polynome est le produit de m facteurs égaux à ce polynome. Donc, d'après le (n.° 45), ce produit

est homogène et d'un degré égal à n répété m fois ou nm. *C.Q.F.D.*

Si le polynome est du 1.er degré, le produit nm se réduit à m. Le carré, le cube, etc. du binome $a+b$ sont effectivement du 2.e, 3.e, etc. degré.

109. *Les termes extrêmes de la puissance* m *d'un polynome ordonné, sont égaux aux puissances* m *de son premier et de son dernier termes.* Ce qui résulte immédiatement du principe du (n.° 53) dans lequel on suppose que tous les facteurs sont égaux.

CHAPITRE VII.

EXTRACTION DE LA RACINE CARRÉE DES NOMBRES.

110. Dans ce chapitre et le suivant, nous traiterons de l'extraction des racines carrées et cubiques des nombres, opérations utiles en algèbre et indispensables pour l'intelligence de la géométrie. Il existe, pour les racines de degré supérieur au troisième, des règles analogues à celles que nous allons exposer, mais elles conduisent à des calculs tellement longs qu'elles sont pour ainsi dire impraticables. Nous nous dispenserons donc d'en parler ici, avec d'autant plus de raison, que par la suite nous ferons connoître un procédé général pour extraire une racine quelconque d'un nombre donné.

I. *Principes fondamentaux.*

111. *La racine carrée* d'un nombre est un autre nombre qui, élevé au carré, reproduit le premier. Ainsi $\sqrt{64}=8$, $\sqrt{\frac{9}{16}}=\frac{3}{4}$; parce que $8^2=64$, $\left(\frac{3}{4}\right)^2=\frac{9}{16}$; en général, quelque soit le nombre P, on a en vertu de la définition $(\sqrt{P})^2=P$.

112. 1.er Principe. *Le carré d'un nombre composé de dizaines et d'unités contient les trois parties suivantes : 1.° le carré des dizaines ; 2.° le double des dizaines multiplié par les unités ; 3.° le carré des unités. Ces trois parties expriment respectivement des centaines, des dizaines et des unités.* En effet, désignons par a et b les dizaines et les unités d'un nombre P, en sorte que $P=a.10+b$ carrant les deux membres de cette égalité, nous aurons (n.° 100) $P^2=a^2.100+2ab.10+b^2$ ou $P^2=a^2$ *centaines*

$+2ab$ *dizaines* $+b^2$ *unités* C. Q. F. D. Ex. $134^2 = (130+4)^2 = 16900 + 1040 + 16 = 17956$, valeur que l'on trouve effectivement en élevant 134 au carré.

113. 2.e Principe. *La racine carrée d'un nombre entier partagé en tranches de deux chiffres de droite à gauche* (la 1.re tranche à gauche peut n'avoir qu'un seul chiffre), *contient autant de chiffres que ce nombre a de tranches.* Ainsi $\sqrt{31}$ a un chiffre, $\sqrt{9.83}$ en a deux, $\sqrt{12.71.09}$ en a trois, etc. Remarquons en effet que les carrés de 1, 10, 100, étant 1, 100, 1.00.00, etc. 1.° Les nombres d'une tranche qui tombent entre 1 et 1.00, ont pour racine des nombres compris entre 1 et 10, c'est-à-dire d'un seul chiffre; 2.° Les nombres de deux tranches qui tombent entre 1.00 et 1.00.00 ont pour racines des nombres compris entre 10 et 100 ou de deux chiffres, etc.

Généralement soit P un nombre composé de n tranches, $\sqrt{P}$ ne peut avoir plus ni moins de n chiffres. 1.° Si $\sqrt{P}$ renfermoit plus de n chiffres, cette racine vaudroit au moins l'unité suivie de n zéros ou 10^n (n.° 88). On auroit donc $\sqrt{P}$ = ou $> 10^n$ et en élevant au carré; P = ou $> 10^{2n}$ ce qui est contre la supposition, puisque 10^{2n} étant l'unité suivie de n tranches de deux zéros est un nombre composé de $n+1$ tranche. 2.° Supposons que $\sqrt{P}$ contienne moins de n chiffres auquel cas cette racine est plus petite que le moindre nombre de n chiffres ou 10^{n-1}, on aura $\sqrt{P} < 10^{n-1}$ et en carrant $P < 10^{2(n-1)}$ ce qui est également contre la supposition, puisque $10^{2(n-1)}$ étant l'unité suivie de $(n-1)$ tranches de deux zéros, est le plus petit nombre composé de n tranches. Il suit de-là que $\sqrt{P}$ doit nécessairement renfermer n chiffres. C. Q. F. D.

II. *Extraction de la racine carrée des nombres entiers.*

114. La racine carrée d'un nombre d'une tranche, ne contenant qu'un seul chiffre (n.° 113) s'extrait sans difficulté lorsque l'on connoît les carrés 1, 4, 9, 16, 25, 36, 49, 64, 81, des neuf chiffres 1, 2, 3, 4, 5, 6, 7, 8, 9, et que l'on sait revenir des premiers nombres aux derniers. Soit en effet à extraire la racine de 68. Ce nombre tombant entre les carrés 64 et 81, sa racine est comprise entre $\sqrt{64}$ et $\sqrt{81}$ ou 8 et 9. Donc $\sqrt{68} = 8$ à moins d'une unité près. Le reste de l'opération est 68--64 ou 4.

115. Proposons-nous actuellement d'extraire la racine carrée d'un nombre de deux tranches, de 68.39 par exemple: Cette racine renfermant deux chiffres (n.° 113), se compose de dizaines et d'unités, et le nombre 68.39 qui en est le carré contient (n.° 112) ; 1.° le carré de ses dizaines ; 2.° le double de ses dizaines multiplié par ses unités ; 3.° le carré de scs unités. Or, le carré des dizaines exprimant des centaines ne peut se trouver que dans les centaines 68 du nombre 68.39, et par conséquent si l'on extrait la racine de cette tranche, comme on l'a fait dans le numéro précédent, le résultat 8 sera le chiffre des dizaines de la racine cherchée, le chiffre 8 obtenu ainsi, est essentiellement exact : En effet, 68.39 tombant entre 64.00 et 81.00, $\sqrt{68}$ tombe entre $\sqrt{64.00}$ et $\sqrt{81.00}$ ou 80 et 90, donc le chiffre des dizaines de $\sqrt{68.39}$ ne peut être que 8.

Si de la première tranche 68 on retranche 64 carré des dizaines obtenues, et si à côté du reste 4 on écrit la seconde tranche 39, le nombre 439 contient les deux dernières parties du carré de la racine, la première de ces parties étant le double des dizaines multiplié par les unités, exprime des dizaines et ne peut se trouver dans le chiffre 9 qui vaut des unités. Elle est donc égale à 43 moins les dizaines provenant du carré des unités, dizaines dont le nombre est toujours plus petit que 9, puisque le carré de 9 est 81. Donc, si l'on divise 43 par le double des dizaines 8, c'est-à-dire par 16, le quotient 2 sera le chiffre des unités de la racine qui sera par conséquent 82.

Pour obtenir le reste de l'extraction, il faut retrancher de 68.39 le carré de 82, ou, pour abréger, retrancher de 439 les deux dernières parties du carré de la racine, que l'on forme évidemment en multipliant 162, double produit des dizaines augmenté des unités, par 2 chiffres des unités, ce qui donne 324, ce reste est donc 439—324 ou 115.

On peut dans la pratique disposer les calculs comme ci-dessous :

68.39	82
43.9	
16 2	
11 5	

116. Soit encore à extraire la racine carrée du nombre de trois tranches 68.39.29. Cette racine ayant trois chiffres (n.° 113) contient des dizaines et des unités, et son carré 68.39.29 se compose de trois parties (n.° 112), dont la première, le carré des dizaines exprimant des centaines ne peut se trouver que dans les deux premières tranches 68.39 : extrayant donc la racine de 68.39, ce que l'on sait faire, le résultat 82 (n.° 115) représente les dizaines cherchées, actuellement joignant à 115 reste de cette extraction, la troisième tranche 29, le nombre 11529 est la somme des deux dernières parties du carré de la racine ; or, le double des dizaines multiplié par les unités ne peut se trouver que dans les dizaines 1152 de ce nombre, et par conséquent si l'on divise 1152 par 2 fois 82 ou 164, le quotient 7 exprime les unités. La racine carrée de 68.39.29 est donc 827. Pour obtenir le reste, il faut soustraire de 11529 les deux dernières parties du carré de la racine, qui

résultent évidemment de la multiplication de 1647 par 7: en effectuant on trouve pour produit 11529 et pour reste 0, l'extraction est donc exacte. Voici le tableau des calculs :

```
68.39.29 | 827
 43.9    |
 162     |
 11529   |
  1647   |
   000   |
```

117. En général, *lorsqu'on sait extraire la racine carrée d'un nombre de* n *tranches, il est facile de trouver celle d'un nombre de* n+1 *tranches.* Prouvons en premier lieu qu'en extrayant la racine des n premières tranches à gauche, on aura les dizaines de la racine cherchée. En effet, soit P un nombre composé de $n+1$ tranches et a^2, le plus grand carré contenu dans les n premières tranches, en sorte que P soit compris entre a^2 centaines et $(a+1)^2$ centaines, ou ce qui revient au même que l'on ait $P>a^2.100$ et $P<(a+1)^2.100$ extrayant les racines des deux membres de chacune de ces inégalités, il vient $\sqrt{P}>a.10$ et $\sqrt{P}<(a+1).10$ le nombre $\sqrt{P}$ ayant au moins a dizaines, et ne pouvant en avoir $a+1$, en a donc exactement a.

Il est visible maintenant que le reste de l'extraction des n premières tranches, joint à la $n+1^{\text{ième}}$ représente les deux dernières parties du carré de la racine, et qu'en séparant un chiffre sur la droite de ce nombre, la partie à gauche exprime le double produit des dizaines par les unités. Donc si l'on divise cette partie à gauche par le double des dizaines trouvées, on doit avoir pour quotient les unités.

Enfin, pour trouver le reste de l'opération, on multiplie le double des dizaines joint aux unités, par les unités, et l'on retranche le produit du reste des n premières tranches suivi de la $n+1^{\text{ème}}$.

Des numéros précédens résulte la règle suivante :

118. Pour extraire la racine carrée d'un nombre à moins d'une unité près ; *on partage ce nombre en tranche de deux chiffres de droite à gauche, et l'on extrait la racine du plus grand carré contenu dans la première tranche à gauche. C'est le premier chiffre de la racine cherchée ;*

On soustrait ce plus grand carré de la première tranche, et à côté du reste on abaisse la seconde tranche, sur la droite de laquelle on sépare un chiffre par un point : on divise la partie à gauche de ce chiffre par le double du premier chiffre obtenu ; le quotient est le second chiffre de la racine.

On écrit ce second chiffre à la suite du diviseur, on multiplie le nombre ainsi formé par ce second chiffre et on retranche le produit, du reste de la première tranche suivi de la seconde. A côté du reste on abaisse la troisième tranche dont on sépare le dernier chiffre à droite, et l'on divise ce qui est à gauche par le double des deux premiers chiffres de la racine, afin d'en obtenir le troisième.

En général, lorsque l'on a obtenu un certain nombre de chiffres à la racine, on obtient le suivant en joignant au reste des tranches sur lesquelles on a déjà opéré, la tranche suivante, et en divisant ce nombre, abstraction faite de son dernier chiffre à droite, par le double de la partie connue de la racine ; dans le cas où le dividende est plus petit que le diviseur, on met zéro à la racine, on abaisse la tranche suivante, et l'on opère de nouveau comme on vient de le dire.

On continue ainsi jusqu'à ce que l'on ait abaissé successivement toutes les tranches du nombre proposé. Lorsque le dernier reste est nul, on dit que ce nombre est un carré parfait.

Enfin pour faire la preuve de cette opération, on

prend la somme du carré de la racine et du reste, et s'il n'y a pas eu d'erreur, on doit retrouver le nombre donné.

III. *Remarques sur la règle précédente.*

119. *Dans une opération partielle quelconque, on ne peut mettre plus de 9 à la racine carrée d'un nombre.* Car si l'on pouvoit seulement y mettre 10, ces dix unités en formeroient une de l'ordre immédiatement supérieur, ce qui supposeroit que les unités de cet ordre ont été mal calculées.

120. On reconnoît évidemment, *qu'un chiffre mis à la racine carrée d'un nombre est trop fort, lorsque le carré des chiffres trouvés à la racine est plus grand que l'ensemble des tranches sur lesquelles on a déjà opéré.*

121. On reconnoît *qu'un chiffre mis à la racine est trop foible, à l'inspection du reste, qui doit toujours être plus petit que le double des chiffres obtenus à la racine plus un.* Désignons par P la réunion des tranches abaissées, par a la racine trouvée et par R le reste de l'extraction; si R est $=$ ou $>2a+1$ je dis que la racine a est au moins trop foible d'une unité. En effet, la relation $P=a^2+R$ qui existe toujours entre les trois quantités P, a, R peut se changer, à cause de l'hypothèse, en celle-ci $P=$ ou $>a^2+2a+1$ extrayant la racine carrée des deux membres, en observant que $a^2+2a+1=(a+1)^2$, il vient $\sqrt{P}=$ ou $>a+1$. C.Q.F.D.

IIII. *Extraction de la racine carrée par approximation.*

122. Il n'existe par de règles générales pour reconnoître *à priori* si un nombre est un carré parfait. Cependant dans certains cas on peut prévoir qu'un nombre n'est pas un carré. Afin d'en donner un exemple, remarquons que tous les nombres étant terminés par un certain nombre de zéros ou par l'un des chiffres 1, 2, 3, 4, 5, 6, 7, 8, 9, leurs

carrés ne peuvent être terminés que par un nombre pair de zéros, ou par l'un des chiffres 1, 4, 9, 6, 5, 6, 9, 4, 1. d'où l'on est en droit de conclure que, *tout nombre terminé par un nombre impair de zéros, ou par 2, 3, 7, 8. ne peut être un carré parfait.*

123. *La racine carrée d'un nombre entier qui n'est pas un carré parfait, ne peut être un nombre fractionnaire.* En effet, supposons si cela est possible que le nombre entier P ait pour racine le nombre fractionnaire irréductible $\frac{a}{b}$ l'égalité $\sqrt{P}=\frac{a}{b}$ produit en élevant les deux membres au carré $P=\frac{a^2}{b^2}$ ce qui est absurde, puisque $\frac{a}{b}$ étant une fraction irréductible, $\frac{a^2}{b^2}$ l'est aussi (n.° 95) et qu'un nombre entier ne sauroit être égal à une expression fractionnaire.

124. De là résulte une nouvelle division des nombres en *commensurables* ou *rationnels* et en *incommensurables* ou *irrationnels.*

On dit qu'un nombre est *commensurable* ou *rationnel*, lorsqu'il a une *commune mesure* ou *raison* avec l'unité : (on entend par *commune mesure* entre deux nombres, un troisième nombre qui les divise exactement tous deux) : tels sont tous les nombres entiers et fractionnaires ; ainsi 15, $\frac{3}{7}$, $\frac{21}{11}$ sont des nombres commensurables ayant respectivement pour commune mesure avec l'unité 1, $\frac{1}{7}$. $\frac{1}{11}$

Les nombres *incommensurables* ou *irrationnels* sont ceux qui n'ayant pas de commune mesure avec l'unité ne peuvent s'exprimer exactement en chiffres, tels sont $\sqrt{2}$, $\sqrt{3}$, $\sqrt{15}$ etc., et en général toutes les racines des nombres qui ne sont pas des carrés parfaits. On peut néanmoins obtenir ces sortes de nombres avec toute l'approximation désirable, comme on le verra dans les numéros suivans.

125. Pour approcher de la racine carrée d'un nombre à $\frac{1}{n}$ près ; *on multiplie ce nombre par le carré du dénominateur* n, *on extrait la racine du produit à moins d'une unité près, et on la divise par* n. Ainsi pour approcher de $\sqrt{2}$ à moins de $\frac{1}{13}$ près, on multiplie 2 par le carré de 13 ou 169, on extrait la racine du produit 338 à moins d'une unité près, et l'on divise le résultat 18 par 13 ce qui donne $\frac{18}{13}$ pour la racine cherchée.

Pour démontrer cette règle, soit P le nombre donné, a la racine carrée de n^2P à moins d'une unité, e la fraction incommensurable qu'il faudroit ajouter à a pour compléter cette racine, en sorte que $\sqrt{n^2P}=a+e$ divisant les deux membres de cette égalité par n en remarquant que $\sqrt{n^2P}=n\sqrt{P}$ puisque $(n\sqrt{P})^2=n^2P$; il vient $\sqrt{P}=\frac{a}{n}+\frac{e}{n}$ en prenant $\frac{a}{n}$ pour $\sqrt{P}$, l'erreur est donc $\frac{e}{n}$ quantité plus petite que $\frac{1}{n}$ puisque $e<1$ C.Q.F.D.

126. Pour approcher de la racine carrée d'un nombre entier par le moyen des décimales, *on écrit à la suite autant de tranches de deux zéros que l'on veut obtenir de chiffres décimaux à la racine, on extrait à une unité près la racine de ce nouveau nombre, et on sépare sur la droite du résultat le nombre de décimales convenu.* Ainsi, pour déterminer les trois premières décimales de la racine carrée de 27, on ajoute à ce nombre trois tranches de deux zéros, on cherche la racine de 27.00.00.00 à une unité près, et sur la droite du résultat 5196 on sépare trois figures décimales, ce qui fournit 5,196 pour la racine demandée.

Pour nous rendre raison de ce procédé, remarquons que

trouver n décimales à la racine carrée d'un nombre entier P, c'est approcher de cette racine à moins de $\frac{1}{1 \text{ suivi de } n \text{ zéros}}$, ou $\frac{1}{10^n}$; or, pour cela il faut multiplier P par le carré de 10^n ou 10^{2n} extraire la racine du produit $P10^{2n}$ à une unité près, et la diviser par 10^n (n.° 125) ; ou en d'autres termes, il faut écrire n tranches de deux zéros à la suite du nombre P, extraire à une unité près, la racine du nombre ainsi formé et séparer n chiffres décimaux sur la droite du résultat. *C.Q.F.D.*

V. *Extraction de la racine carrée des fractions.*

127. *La racine carrée d'une fraction, est égale à la racine carrée du numérateur divisée par celle du dénominateur* ; ou algébriquement $\sqrt{\frac{a}{b}}=\frac{\sqrt{a}}{\sqrt{b}}$ ce qui résulte évidemment de ce que $\left(\frac{\sqrt{a}}{\sqrt{b}}\right)^2=\frac{(\sqrt{a})^2}{(\sqrt{b})^2}=\frac{a}{b}$.

128. Pour extraire la racine carrée d'une fraction, il faut distinguer trois cas : 1.° *les deux termes de cette fraction sont des carrés parfaits*; 2.° *le dénominateur seul est un carré parfait*; 3.° *le dénominateur n'est pas un carré parfait.*

Dans le premier cas, *on extrait la racine carrée de chacun des deux termes de la fraction donnée. Exemple :*

$$\sqrt{\frac{36}{121}}=\frac{\sqrt{36}}{\sqrt{121}}=\frac{6}{11}$$

Dans le second, *on divise la racine carrée du numérateur dont on approche à moins de* $\frac{1}{n}$, *par celle du dénominateur qui est exacte. L'erreur commise est alors moindre que l'unité divisée par* n *fois la racine carrée du dénominateur de la fraction proposée.* Ainsi, pour obtenir la racine carrée de $\frac{21}{49}$, on cherche la racine de 21 à $\frac{1}{100}$ près par exemple, et on divise le résultat 4,58 par 7 ce qui donne $\frac{4,58}{7}$ ou $\frac{458}{700}$ pour la racine cherchée, l'erreur commise est moindre que $\frac{1}{100 \times 7}$ ou $\frac{1}{700}$.

Pour démontrer cette règle, soit proposé d'extraire la racine carrée de la fraction $\frac{a}{b^2}$ dont le dénominateur b^2 est un carré parfait. Soit r la racine carrée de a à $\frac{1}{n}$ près, et e ce qu'il faudroit ajouter à r pour compléter cette racine de manière que $e<\frac{1}{n}$, nous aurons $\sqrt{\frac{a}{b^2}}=\frac{\sqrt{a}}{b}=\frac{r+e}{b}=\frac{r}{b}+\frac{e}{b}$, en prenant $\frac{r}{b}$ pour $\sqrt{\frac{a}{b^2}}$, l'erreur est donc $\frac{e}{b}$ quantité plus petite que $\frac{1}{nb}$ puisque $e<\frac{1}{n}$.

Enfin dans le troisième cas, *on rend le dénominateur un carré parfait, en multipliant les deux termes par le dénominateur ou par tout autre nombre remplissant le même but, et on opère ensuite comme nous venons de le dire.* Ainsi, $\sqrt{\frac{a}{b}}=\sqrt{\frac{ab}{b^2}}=\frac{\sqrt{ab}}{b}$. *Ex.* $\sqrt{\frac{3}{7}}=\sqrt{\frac{21}{49}}=\frac{\sqrt{21}}{7}=\frac{458}{700}$ à moins de $\frac{1}{700}$.

Nous ferons remarquer ici que dans tous les cas on peut obtenir la racine carrée d'une fraction en divisant la racine carrée du numérateur par celle du dénominateur, mais alors il seroit difficile d'estimer le degré d'approximation.

129. Pour extraire la racine carrée d'une fraction décimale, *on écrit à la suite le nombre de zéros convenable pour qu'elle renferme deux fois autant de décimales que l'on veut en obtenir à la racine, on supprime la virgule, et l'on cherche à moins d'une unité près la racine carrée du nombre entier résultant, enfin, on sépare sur la droite du résultat le nombre de chiffres décimaux dont on est convenu.* *Ex :* pour déterminer $\sqrt{5,417}$ avec quatre figure décimales ou à 0,0001 près, on ajoute à ce nombre cinq zéros, on supprime la virgule, on extrait la racine de 541700000 à une unité près, et sur la droite du résultat 23274 on sépare quatre décimales, ce qui donne 2,3274.

Représentons par F la fraction décimale donnée, et par n le nombre de chiffres décimaux que l'on veut obtenir à la racine. Si par l'addition d'un certain nombre de zéros nous faisons en sorte que F contienne $2n$ chiffres décimaux, et si nous nommons P le nombre entier résultant de la suppression de la virgule, nous aurons $F=\frac{P}{10^{2n}}$

d'où $\sqrt{F}=\frac{\sqrt{P}}{10^n}$ ce qui prouve qu'en extrayant la racine de P à une unité près, et en séparant n décimales sur sa droite on aura $\sqrt{F}$ à $\frac{1}{10^n}$ près.

130. Pour obtenir la racine carrée d'une fraction ordinaire en fraction décimale, *il suffit de la réduire en fraction décimale, et de pousser l'approximation jusqu'à ce que l'on ait trouvé le double du nombre des chiffres décimaux que l'on veut avoir à la racine. On opère ensuite comme on l'a dit dans le numéro précédent.* Soit pour exemple à déterminer $\sqrt{\frac{3}{7}}$ à $\frac{1}{100}$ près. La fraction $\frac{3}{7}$ évaluée en décimales est 0,4285, expression dont la racine carrée est 0,65

VI. *Extraction de la racine carrée des nombres complexes.*

131. Pour extraire la racine carrée d'un nombre complexe à moins d'une unité donnée; *il faut reduire ce nombre en unités carrées de l'ordre dont on veut approcher, en extraire la racine carrée à une unité près, puis exprimer de nouveau en nombre complexe, la racine trouvée.* Soit, pour fixer les idées, à extraire la racine carrée de 4 toises carrées 19 pieds carrés 81 pouces carrés, à moins d'une ligne près. On réduira ce nombre en lignes carrées, en observant que les égalités 1 toise = 6 pieds, 1 pied = 12 pouces 1 pouce, = 12 lignes, élevées au carré produisent 1 toise carrée = 36 pieds carrés, 1 pied carré = 144 pouces carrés, 1 pouce carré = 144 lignes carrées; et on obtiendra ainsi 3391632 lignes carrées, nombre dont la racine, à une ligne près, est 1841 lignes ou 2 toises 9 pouces 5 lignes.

CHAPITRE VIII.

EXTRACTION DE LA RACINE CUBIQUE DES NOMBRES.

132. *La racine cubique d'un nombre, est un autre nombre qui, élevé à la troisième puissance ou cube, reproduit le premier.* Ainsi $\sqrt[3]{27}=3$, $\sqrt[3]{\frac{64}{125}}=\frac{4}{5}$ à raison de ce que $3^3=27$, $\left(\frac{4}{5}\right)^3=\frac{64}{125}$.

I. *Principes fondamentaux.*

133. 1.er PRINCIPE. Le cube d'un nombre composé de dizaines et d'unités contient 1.° *le cube des dizaines;* 2.° *le triple carré des dizaines multiplié par les unités;* 3.° *le triple des dizaines multiplié par le carré des unités;* 4.° *le cube des unités. Ces quatre parties expriment respectivement des mille, des centaines, des dizaines et des unités.* Représentons par a et b les dizaines et les unités d'un nombre P et élevons au cube les deux membres de l'égalité $P=a.10+b$ nous aurons (n.° 105) $P^3=a^3.1000+3a^2b.100+3ab^2.10+b^3$ ou $P^3=a^3$ *mille* $+3a^2b$ *centaines* $+3ab^2$ *dizaines* $+b^3$ *unités* C.Q.F.D. *Ex.* $57^3=(50+7)^3=125000+52500+7350+343=185193$.

134. 2.e PRINCIPE. *La racine cubique d'un nombre entier se compose d'autant de chiffres, que ce nombre renferme de tranches de trois chiffres en allant de droite à gauche;* (la première tranche à gauche peut n'avoir qu'un ou deux chiffres). Ainsi $\sqrt[3]{235}$ a un seul chiffre, $\sqrt[3]{98.523}$ en a deux, $\sqrt[3]{7.645.308}$ en a trois, etc.; en effet les cubes de 1, 10, 100, etc., étant 1, 1.000, 1.000.000. etc., observons que 1.°

les nombres d'une tranche tombant entre 1 et 1.000 ont pour racine des nombres compris entre 1 et 10 c'est-à-dire d'un seul chiffre ; 2.° les nombres de deux tranches tombant entre 1.000 et 1000.000 ont pour racines des nombres compris entre 10 et 100 ou de deux chiffres etc., on pourroit d'ailleurs généraliser cette démonstration comme nous l'avons fait pour la racine carrée dans le (n.° 113).

II. *Extraction de la racine cubique des nombres entiers.*

135. Les cubes des neuf chiffres : 1, 2, 3, 4, 5, 6, 7, 8, 9, étant 1, 8, 27, 64, 125, 216, 343, 512, 729, réciproquement, ces derniers nombres ont pour racine cubique les neuf premiers. Cette table suffit pour extraire la racine cubique d'un nombre composé d'une seule tranche à une unité près. Soit pour exemple, à extraire la racine cubique de 617. Ce nombre tombe entre 512 et 729 qui sont des cubes parfaits, et sa racine est comprise entre $\sqrt[3]{512}$ et $\sqrt[3]{729}$ ou 8 et 9, donc $\sqrt[3]{617} = 8$ à une unité près. Le reste est 617—512 ou 105.

135. Passons à l'extraction de la racine cubique d'un nombre de deux tranches, et prenons, à cet effet, le nombre particulier 617.301 ; la racine cherchée ayant deux chiffres (n.° 134), son cube 617.301 est composé de quatre parties (n.° 133), dont la première, le cube des dizaines, exprimant des mille, ne peut visiblement se trouver que dans la première tranche à gauche 617 ; extrayant donc la racine cubique du plus grand cube 512 contenu dans cette tranche, le résultat 8 est le chiffre des dizaines de la racine cherchée. Ce premier chiffre est essentiellement exact ; car, 617.301 étant compris entre 512.000 et 729.000 $\sqrt[3]{617.301}$ tombe entre $\sqrt[3]{512.000}$ et $\sqrt[3]{729.000}$ ou 80 et 90, ce qui fait voir que le premier chiffre de la racine ne peut être que 8.

A l'excès 105 de la première tranche sur le plus grand cube qui y est contenu, joignons la deuxième tranche 301 ; le nombre 105.301 ainsi formé, est la somme des trois dernières parties du cube de la racine ; or, la première de ces trois parties étant trois fois le carré des dizaines multiplié par les unités, exprime des centaines, et ne peut se trouver que dans les centaines 1053 du nombre précédent. Donc si l'on divise 1053 par trois fois le carré des dizaines 8, c'est-à-dire par 192, le quotient 5 est le chiffre des unités de la racine, dont la valeur à une unité près, est par conséquent 85.

Le reste s'obtient en cubant 85 et en retranchant le résultat 614.125 du nombre proposé 617.301, ce qui donne 3176.

137. En général, *lorsque l'on a procédé pour extraire la racine cubique d'un nombre composé de* n *tranches, on peut l'étendre facilement à un nombre qui en contient* n+1. On peut d'abord démontrer, qu'en extrayant la racine cubique des n premières tranches à gauche d'un nombre P composé de $n+1$ tranches, on obtiendra les dixaines de sa racine. En effet, soit a^3 le plus grand cube contenu dans ces n premières tranches, le nombre P sera visiblement compris entre $a.^3 1000$ et $(a+1)^3.1000$ et par conséquent $\sqrt[3]{P}$ tombera entre $\sqrt[3]{a^3.100}$ et $\sqrt[3]{(a+1)^3.1000}$, C'est-à-dire entre $a.10$ et $(a+1).10$. Donc $\sqrt[3]{P}$ est composée de a dizaines.

Le reste des n premières tranches suivi de la $n+1$.ième représente les trois dernières parties du cube de la racine cherchée, et si l'on sépare deux chiffres sur la droite, la partie à gauche pourra être regardée comme le triple carré des dizaines multiplié par les unités. Donc si l'on divise cette partie à gauche par le triple carré des dizaines obtenues, le résultat sera les unités.

Enfin, élevant toute la racine au cube et retranchant le nombre obtenu du nombre proposé, on aura le reste de l'extraction.

Exemple.

67.419.143	407
64	
34.	48
64.000	
34.191 . . .	4800
67.419.143	
0	

138. De là résulte le procédé suivant, pour extraire la racine cubique d'un nombre entier; *on le partage en tranches de trois chiffres de droite à gauche, et on extrait la racine cubique du plus grand cube contenu dans la première tranche à gauche. C'est le premier chiffre de la racine cherchée.*

Au reste de la première tranche, on joint le premier chiffre de la seconde tranche, et l'on divise le nombre ainsi formé par le triple carré du premier chiffre obtenu. Le quotient est le second chiffre de la racine.

On soustrait des deux premières tranches à gauche, le cube des deux premiers chiffres de la racine, on joint au reste le premier chiffre de la troisième tranche, et on divise par le triple carré des deux premiers chiffres de la racine, afin d'en obtenir le troisième.

On continue ainsi jusqu'à ce que l'on ait abaissé toutes les tranches du nombre proposé.

III. *Remarques sur la règle précédente.*

139. *On ne peut mettre plus de 9 à la racine cubique d'un nombre.* (Voyez, pour la démonstration, le n.° 119.)

140. *On reconnoît que l'on a trop mis à la racine cubique d'un nombre, lorsque le cube des chiffres obtenus*

est plus grand que le nombre formé par les tranches sur lesquelles on a déjà opéré.

141. *On reconnoît que l'on n'a pas assez mis à la racine cubique d'un nombre, à l'inspection du reste qui doit toujours être moindre que le triple carré des chiffres trouvés à la racine, plus trois fois ces mêmes chiffres plus un.* Soit P la réunion des tranches abaissées, a la racine obtenue pour P, et R le reste de l'extraction. Si $R=$ ou $>3a^2+3a+1$, je dis que a est au moins trop foible d'une unité. En effet, l'égalité $P=a^3+R$ qui est la traduction de la preuve, se convertit en vertu de l'hypothèse en $P=$ ou $>a^3+3a^2+3a+1$, ou bien (n.° 105) $P=$ ou $>(a+1)^3$, d'où l'on tire aisément $\sqrt[3]{P}=$ ou $>a+1$. *C.Q.F.D.*

IV. *Extraction de la racine cubique par approximation.*

142. *La racine d'un degré quelconque d'un nombre qui n'est pas une puissance parfaite de ce degré, est incommensurable.* Car il résulte de la supposition même, que cette racine ne peut être un nombre entier ; en second lieu elle ne peut être une fraction, puisque toutes les puissances d'une fraction irréductible, sont aussi des fractions irréductibles (n.° 95), et qu'un nombre entier ne sauroit être égal à un nombre fractionnaire ; la racine d'un tel nombre est donc incommensurable : telles sont les expressions $\sqrt[3]{5}$, $\sqrt[4]{11}$, $\sqrt[5]{17}$, etc.

143. Pour approcher de la racine cubique d'un nombre à moins d'une fraction près, *on le multiplie par le cube du dénominateur de cette fraction, on extrait la racine cubique du produit à moins d'une unité près, et on divise le résultat par le dénominateur de la fraction donnée.* Ainsi pour obtenir $\sqrt[3]{17}$ à $\frac{1}{5}$ près, on multiplie 17 par 5^3,

ou 125, on cherche la racine du produit 2125 à une unité près, on divise le résultat 12 par 5, ce qui donne $\frac{12}{5}$ pour la racine cherchée.

Soit P le nombre dont on veut trouver la racine cubique à $\frac{m}{n}$ près, a la racine cubique du produit n^3P à une unité près, e la fraction inconnue qu'il faudroit ajouter à a pour compléter cette racine, de sorte que $\sqrt[3]{n^3P}=a+e$. Divisant les deux membres par n, en observant que $\sqrt[3]{n^3P}=n\sqrt[3]{P}$, puisque $(n\sqrt[3]{P})^3=n^3P$; il vient $\sqrt[3]{P}=\frac{a}{n}+\frac{e}{n}$ en prenant a pour $\sqrt[3]{P}$ l'erreur est donc $\frac{e}{n}$ quantité plus petite que $\frac{m}{n}$ à raison de ce que e étant moindre que l'unité est *à fortiori* moindre que m.

144. Pour approcher de la racine cubique d'un nombre entier, par le moyen des décimales, *on écrit à la suite autant de tranches de trois zéros que l'on veut obtenir de chiffres décimaux à la racine, on extrait à une unité près la racine cubique du nombre ainsi formé, et l'on sépare sur la droite le nombre de décimales demandé.* Ainsi pour trouver les deux premières décimales de $\sqrt[3]{9}$, on extrait la racine cubique de 9.000.000 à moins d'une unité et l'on sépare deux chiffres décimaux sur la droite du résultat 208, ce qui fournit 2,08 pour la racine cherchée.

En effet, trouver n décimales à la racine cubique d'un nombre entier P, c'est en approcher à $\frac{1}{10^n}$. Or, pour cela il faut multiplier P par le cube de 10^n ou 10^{3n}, extraire la racine cubique du plus grand cube contenu dans ce produit, et diviser le résultat par 10^n (n.° 143). Ou, en d'autres termes, il faut extraire à une unité près, la racine cubique de P suivi de n tranches de trois zéros, et séparer n chiffres décimaux sur sa droite. *C.Q.F.D.*

145. *La racine quelconque d'un nombre entier ne peut être exprimée par une fraction décimale périodique ;* car une telle fraction est équivalente à une fraction ordinaire.

V. *Extraction de la racine cubique des fractions.*

146. *La racine m.ième d'une fraction, est égale à la racine m.ième du numérateur divisée par la racine m.ième du dénominateur.* Ainsi $\sqrt[m]{\frac{a}{b}} = \frac{\sqrt[m]{a}}{\sqrt[m]{b}}$; en effet (n.° 89),

$$\left(\frac{\sqrt[m]{a}}{\sqrt[m]{b}}\right)^m = \frac{(\sqrt[m]{a})^m}{(\sqrt[m]{b})^m} = \frac{a}{b}.$$

147. Pour extraire la racine cubique d'une fraction, on distingue trois cas, 1.° *les deux termes sont des cubes parfaits ;* 2.° *le dénominateur seul est un cube parfait ;* 3.° *le dénominateur n'est pas un cube parfait.*

Dans le 1.er cas, *on extrait la racine cubique des deux termes de la fraction donnée :*

$$Ex. \quad \sqrt[3]{\frac{27}{125}} = \frac{\sqrt[3]{27}}{\sqrt[3]{125}} = \frac{3}{5}.$$

Dans le 2.e cas, *on cherche la racine cubique du numérateur par approximation, et on la divise par celle du dénominateur qui est exacte.* Ainsi pour déterminer la racine cubique de la fraction $\frac{9}{125}$ dont le dénominateur 125 est le cube de 5, on cherche la racine de 9 à 0,01 près, par exemple, et on divise le résultat 2,08 par 5, ce qui donne $\frac{2{,}08}{5}$ ou $\frac{208}{500}$ l'approximation est évidemment de $\frac{1}{500}$.

Enfin, dans le 3.ᵉ cas, *on rend le dénominateur de la fraction proposée un cube parfait, en multipliant ses deux termes par le carré du dénominateur, ou tout autre nombre plus petit remplissant le même but, et l'on opère ensuite comme dans le second cas.* Exemple :

$$\sqrt[3]{\frac{1}{3}} = \sqrt[3]{\frac{9}{27}} = \frac{\sqrt[3]{9}}{3} = \frac{2{,}08}{3} = \frac{208}{300}$$

à $\frac{1}{300}$ près.

148. Pour extraire la racine cubique d'une fraction décimale, *on place à sa droite un nombre de zéros tel, qu'elle renferme trois fois autant de chiffres décimaux que l'on veut en obtenir à la racine, on extrait à une unité près la racine cubique du nombre entier résultant de la suppression de la virgule, et l'on sépare sur sa droite le nombre de décimales dont on est convenu.* Ainsi pour calculer les deux premières décimales de $\sqrt[3]{10{,}45}$ on extrait à moins d'une unité, la racine cubique de 10.450.000 et l'on sépare deux chiffres décimaux sur la droite du résultat 218, ce qui donne 2,18 pour la racine demandée. En effet, $\sqrt[3]{10{,}45} = \sqrt[3]{\frac{1045}{100}} =$

$$\sqrt[3]{\frac{10.450.000}{1.000.000}} = \frac{\sqrt[3]{10.450.000}}{\sqrt[3]{1.000.000}} = \frac{\sqrt[3]{10.450.000}}{100}$$

la démonstration générale est analogue à celle que nous avons donnée pour la racine carrée, dans le numéro 129.

149. Pour obtenir en décimales la racine cubique d'une fraction ordinaire, *il faut la réduire en fraction décimale et pousser l'approximation jusqu'à ce que l'on ait trouvé trois fois autant de chiffres décimaux que l'on*

veut en avoir à la racine. On opère ensuite comme dans le numéro précédent. Ex. $\sqrt[3]{\frac{3}{7}} = \sqrt[3]{0{,}428571} = \sqrt[3]{\frac{428571}{1.000.000}} = \frac{75}{100} = 0{,}75$ à 0,01 près.

150. *La racine d'un degré quelconque d'une fraction ordinaire irréductible, ne peut être exacte, à moins que ses deux termes ne soient des puissances parfaites du même degré.* En effet, supposons que l'on ait $\sqrt[m]{\frac{A}{B}} = \frac{a}{b}$, $\frac{A}{B}$ et $\frac{a}{b}$ désignant des fractions irréductibles; élevant les deux membres de cette égalité à la puissance m, on obtient celle-ci $\frac{A}{B} = \frac{a^m}{b^m}$ et comme $\frac{a^m}{b^m}$ et une fraction irréductible (n.° 95), il faut essentiellement que $A = a^m$, $B = b^m$. *C. Q. F. D.*

151. *La racine d'un degré quelconque d'une fraction décimale, ne peut être exacte, si le nombre des chiffres décimaux n'est pas un multiple de ce degré;* (on suppose que le premier chiffre à droite n'est pas un zéro). Cela résulte évidemment de ce que si un nombre a n chiffres décimaux, son carré en a $2n$, son cube $3n$, et en général sa $m^{\text{ième}}$ puissance mn. *C. Q. F. D.*

VI. *Extraction de la racine cubique des nombres complexes.*

152. Pour extraire la racine cubique d'un nombre complexe à moins d'une unité d'un ordre donné, *on l'évalue en unités cubes de l'ordre dont on veut approcher, et lorsqu'on en a trouvé la racine à moins d'une unité près, on la réduit en nombre complexe.* Soit proposé

d'extraire la racine cubique de 4 toises cubes 21 pieds cubes 36 pouces cubes à une ligne près. On évaluera ce nombre en lignes cubes, en remaquant que les égalités 1 toise = 6 pieds, 1 pied = 12 pouces, 1 pouce = 12 lignes élevées au cube produisent 1 toise cube = 216 pieds cubes, 1 pied cube = 1728 pouces cubes, 1 pouce cube = 1728 lignes cubes : et l'on trouvera 1.113.342.148 lignes cubes, nombre dont la racine cubique, à une ligne près, est 1036 lignes ou 1 toise 1 pied 2 pouces 4 lignes.

CHAPITRE IX.

EXTRACTION DES RACINES DES EXPRESSIONS ALGÉBRIQUES.

153. On appelle racine $m.^{ième}$ d'une quantité, une autre quantité qui élevée à la puissance m reproduit la première. Cette opération s'indique au moyen du signe $\sqrt[m]{\;}$; Ainsi $\sqrt[m]{P}$ signifie *racine* $m.^{ième}$ *de* P. Il est important de remarquer que quelque soit m et P, on a en vertu de la définition $\sqrt[m]{P^m} = P$ et $\left(\sqrt[m]{P}\right)^m = P$

Nous commençons d'abord par faire voir comment on peut extraire les racines des monomes en renversant les règles de la formation de leurs puissances; nous passerons ensuite à l'extraction des racines carrées et cubiques des polynomes.

I. *Extraction des racines des monomes.*

154. Pour obtenir la racine $m.^{ième}$ d'un monome, *il faut extraire la racine* m *de son coefficient et diviser tous ses exposans par* m. En effet, pour élever un monome à la puissauce m, il faut former la puissance m de son coefficient, et multiplier ses exposans par m. (n.° 96). Donc, pour revenir de la puissance m d'un monome à sa racine, il faut faire les opérations inverses, ce qui conduit à la règle énoncée. *Ex.* $\sqrt{4a^4b^2} = 2a^2b$,

$$\sqrt[3]{\frac{27}{64}a^{12}b^3c^9} = \frac{3}{4}a^4bc^3, \quad \sqrt[m]{C^m a^{pm} b^{qm}} = C\,a^p b^q.$$

155. De là résulte, *qu'un monome ne peut pas être une puissance parfaite du degré* m, *à moins que son coefficient*

ne soit une puissance exacte de ce degré, et que tous ses exposans ne soient divisibles par m. Ainsi le monome $6a^8b^{10}$ n'est pas un carré parfait, parce que le coefficient 6 n'est le carré exact d'aucun nombre, et le monome $8a^5b^7$ n'est pas un cube parfait à raison de ce que les exposans 5 et 7 ne sont pas divisibles par 3.

Dans le cas où les conditions précédentes ne sont pas remplies, on se contente d'indiquer les opérations à effectuer; ainsi $\sqrt{6a^8b^{10}} = a^4b^5\sqrt{6}$, $\sqrt[3]{8a^5b^7} = 2a^{\frac{5}{3}}b^{\frac{7}{3}}$: ou bien encore on laisse ces expressions sous la forme $\sqrt{6a^8b^{10}}$, $\sqrt[3]{8a^5b^7}$ en les simplifiant au moyen d'un procédé que nous ne donnerons que dans le chapitre suivant.

156. *Toute racine de degré pair d'une quantité, doit être affectée du double signe* $\pm$ Ainsi $\sqrt[2m]{A^{2m}} = \pm A$ quelle que soit la quantité A; car (n.° 97), $(+A)^{2m} = A^{2m}$, et $(-A)^{2m} = A^{2m}$. *Ex.* $\sqrt{9} = \pm 3$ et en effet $+3 \times +3 = 9$, $-3 \times -3 = 9$; $\sqrt{a^2} = \pm a$, car $+a \times +a = a^2$, $-a \times -a = a^2$. On voit de même que $\sqrt[4]{16a^8b^4} = \pm 2a^2b$ et $\sqrt[6]{a^{18}b^{12}} = \pm a^3b^2$.

157. *Toute racine de degré impair d'une quantité, a le signe de cette quantité.* Ainsi $\sqrt[2m+1]{+A^{2m+1}} = +A$, $\sqrt[2m+1]{-A^{2m+1}} = -A$. En effet (n.° 98), $(+A)^{2m+1} = A^{2m+1}$ et $(-A)^{2m+1} = -A^{2m+1}$.

Exemples. $\sqrt[3]{8} = 2$, $\sqrt[3]{-8} = -2$, $\sqrt[3]{a^3b^6} = ab^2$, $\sqrt[3]{-a^3b^6} = -ab^2$, $\sqrt[5]{-a^5} = -a$, $\sqrt[7]{-a^{14}b^7} = -a^2b$.

158. *Toute racine de degré pair d'une quantité néga-*

tive n'existe pas. En effet, si une telle racine existoit, elle seroit positive ou négative ; or, c'est ce qui ne peut être, puisque toute puissance pair d'une quantité positive ou négative est toujours affectée du signe *plus* (n.° 97).

On donne à ces expressions le nom d'*imaginaires* ; et par opposition, on donne celui de *quantités réelles*, aux expressions ordinaires. Ainsi $\sqrt{-4}$, $\sqrt{-a^2}$, $\sqrt[4]{-a^8}$, $\sqrt[6]{-a^2b^4}$, sont des quantités imaginaires.

159. *La racine* m^{ième} *d'un produit, égale le produit des racines* m *des facteurs*, ou algébriquement

$\sqrt[m]{A \times B \times C......} = \sqrt[m]{A} \times \sqrt[m]{B} \times \sqrt[m]{C}$...En effet (n.°99)

$(\sqrt[m]{A} \times \sqrt[m]{B} \times \sqrt[m]{C}....) = (\sqrt[m]{A})^m \times (\sqrt[m]{B})^m \times (\sqrt[m]{C})^m....$

ou (n.° 153),

$(\sqrt[m]{A} \times \sqrt[m]{B} \times \sqrt[m]{C}.....)^m = A \times B \times C.......$ C. Q. F. D.

160. *Toute quantité imaginaire du second degré est de la forme* $\pm q\sqrt{-1}$, q *étant une quantité réelle commensurable ou incommensurable.* En effet, la forme la plus générale qu'on puisse donner à une imaginaire du 2.e degré est $\sqrt{-A}$, A étant une quantité positive quelconque. Or $-A = A \times -1$ et d'après le n.° précédent $\sqrt{-A} = \sqrt{A}\sqrt{-1}$ ou $\sqrt{-A} = \pm q\sqrt{-1}$ en posant $\sqrt{A} = \pm q$.

$$Ex. \ \sqrt{-4} = \sqrt{4}\sqrt{-1} = \pm 2\sqrt{-1}, \ \sqrt{-a^2-b^2} = \sqrt{-(a^2+b^2)} = \sqrt{a^2+b^2}\ \sqrt{-1}.$$

Il sera démontré, dans le second livre, que toute quantité imaginaire provenant de l'extraction d'une racine de degré pair d'une quantité négative, est de la forme $p \pm q\sqrt{-1}$, p et q désignant des quantités réelles.

II. *Extraction de la racine carrée des polynomes.*

161. Avant d'énoncer la règle, nous démontrerons le principe suivant sur lequel elle repose. *Si on retranche d'un polynome, le carré des* n *premiers termes de sa racine carrée, le premier terme du reste exprime le double produit du premier terme de cette racine, par le* $n+1$.*ème*. (On suppose que ce polynome, sa racine et le reste sont ordonnés par rapport aux puissances décroissantes d'une lettre commune). Désignons par P ce polynome, par S les n premiers termes de sa racine carrée, et par T la seconde partie de cette racine, nous aurons $\sqrt{P}=S+T$, ou en carrant (n.° 100) $P=S^2+2ST+T^2$. Retranchons S^2 des deux membres de cette égalité et mettons T en facteur dans le second, nous obtiendrons $P-S^2=(2S+T)T$ l'excès du polynome P sur le carré S^2 des n premiers termes de sa racine est donc le produit de $2S+T$ par T, produit dont le premier terme est évidemment le double du premier terme de S multiplié par le premier terme de T. (n.° 53), c'est-à-dire le double du premier terme de la racine multiplié par le $n+1$.*ème* *C. Q. F. D.*

162. Actuellement, pour extraire la racine carrée d'un polynome, *on l'ordonne par rapport à une lettre, en commençant par les plus hauts exposans, puis on extrait la racine carrée de son premier terme, pour avoir le premier terme de la racine* (n.° 109).

On supprime le premier terme du polynome, on divise le premier terme du reste, par le double du premier terme de la racine, et on obtient pour quotient son second terme. (n.° 161).

On retranche du polynome donné, le carré des deux premiers termes de la racine, ou pour simplifier, on retranche du premier reste le produit du double du premier terme de la racine joint au second, par ce même second terme, et on divise le premier terme du reste trouvé, par le double du premier terme de la racine afin d'en obtenir le troisième. (n.° 161).

On soustrait du second reste, le double des deux premiers termes de la racine joint au troisième, multiplié par ce troisième terme, et on a un troisième reste, dont le premier terme divisé par le double du premier terme de la racine en fournit le quatrième. (n.° 161) *etc., etc.*

Si en continuant ainsi, on parvient à un reste nul, on dit que le polynome donné est un carré parfait.

Soit pour exemple, à extraire la racine carrée du polynome $4ab^5-11a^2b^4-6a^3b^3+9a^4b^2+4b^6$, on l'ordonne par rapport aux puissances décroissantes de la lettre a, et on dispose les calculs comme ci-dessous.

$$9a^4b^2-6a^3b^3-11a^2b^4+4ab^5+4b^6 \mid \underline{3a^2b-ab^2-2b^3}$$
$$\underline{9a^4b^2}$$

1. R. $\quad -6a^3b^3-11a^2b^4+4ab^5+4b^6$

$$6a^2b \quad - \quad ab^2$$
$$\underline{-ab^2}$$
$$\underline{-6a^3b^3+a^2b^4}$$

2.e Reste. $\quad -12a^2b^4+4ab^5+4b^6$

$$6a^2b-2ab^2-2b^3$$
$$\underline{-2b^3}$$
$$\underline{-12a^2b^4+4ab^5+4b^6}$$

3.e Reste. 0

163. Les termes extrêmes du carré d'un polynome ordonné étant égaux aux carrés de son premier et dernier termes (n.° 109), il s'ensuit que *tout polynome ordonné dont les termes extrêmes ne sont pas positifs et carrés parfaits, ne peut être lui-même le carré d'un autre polynome.* Ainsi $a^2-2ab-b^2$, $3a^3-2ab+b$ ne sont pas des carrés parfaits. Il en résulte encore que *la racine carrée*

d'un polynome est imaginaire lorsque ses termes extrêmes sont négatifs. Ainsi la racine de $-a^2-b^2$ est imaginaire.

164. *Un binome ne peut être un carré parfait :* car la racine carrée d'un binome ne peut être ni un monome ni un binome, puisque le carré d'un monome est un monome, et que celui d'un binome est un trinome. Ainsi, comme l'on pourroit être tenté de le croire, les racines de a^2+b^2, et a^2-b^2 ne sont pas $a+b$ et $a-b$.

165. On peut conclure qu'*un polynome n'est par un carre parfait, lorsqu'on a trouvé à la racine un terme, dans lequel l'exposant de la lettre principale est moindre que la moitié de l'exposant de cette même lettre dans le dernier terme de ce polynome.* Cela résulte évidemment de ce que le dernier terme d'un polynome, s'il est un carré parfait, doit être le carré du dernier terme de la racine.

166. Lorsque le *polynome donné n'est pas un carré parfait, l'on est conduit, en suivant le procédé d'extraction, à une série de termes affectés des puissances négatives de la lettre principale.* Pour vérifier cette assertion, on peut extraire la racine de a^2+1 par exemple, et l'on trouvera

$$\sqrt{a^2+1}=a+\tfrac{1}{2}a^{-1}-\tfrac{1}{8}a^{-3}+\tfrac{1}{16}a^{-5}-\tfrac{5}{128}a^{-7}+\tfrac{7}{256}a^{-9}+\text{etc.}$$

Si l'on vouloit obtenir la racine ordonnée suivant les puissances positives et croissantes de la lettre principale, il faudroit ordonner le polynome donné, en commençant par les plus foibles exposans. On trouve par ce moyen que

$$\sqrt{1+a^2}=1+\frac{a^2}{2}-\frac{a^4}{8}+\frac{a^6}{16}-\frac{5a^8}{128}+\frac{7a^{10}}{256}-\text{etc.}$$

III. *Extraction de la racine cubique des polynomes.*

167. *Si on retranche d'un polynome le cube des* n *premiers termes de sa racine, le premier terme du reste est le*

produit du triple carré du premier terme de cette racine par le n+1.ème; (on suppose ces trois quantités ordonnées par rapport aux puissances décroissantes d'une lettre commune). Soit P le polynome en question, S les n premiers termes de sa racine cubique et T ce qu'il faut ajouter à S pour compléter cette racine, ensorte que $\sqrt[3]{P} = S + T$. D'où, en cubant (n.° 105), $P = S^3 + 3S^2T + 3ST^2 + T^3$, retranchons S^3 dans les deux membres de cette égalité et mettons T en facteur dans le second, il vient $P - S^3 = (3S^2 + 3ST + T^2)T$. Or, le premier terme du produit de $3S^2 + 3ST + T^2$ par T est visiblement (n.° 53) trois fois le premier terme de S^2 par le premier terme de T, ou, ce qui revient au même, le triple carré du premier terme de la racine cubique de P multiplié par le $n+1$.me

168. De là résulte le procédé suivant pour extraire la racine cubique d'un polynome. *On l'ordonne par rapport aux puissances décroissantes d'une lettre, et on extrait la racine cubique de son premier terme ; le résultat est le premier terme de la racine cherchée* (n.° 109).

On supprime le premier terme du polynome et on divise le second par le triple carré du premier terme de la racine ; le quotient en est le second terme (n.° 167).

On forme le cube des deux premiers termes, on le retranche du polynome donné, et on divise le premier terme du reste par le triple carré du premier terme de la racine afin d'en obtenir le troisième (n.° 167), etc.

On continue à opérer de la même façon, et, si l'on arrive à un reste nul, le polynome donné est un cube parfait.

En appliquant cette règle au polynome

$$a^6 - 9a^5b + 21a^4b^2 + 9a^3b^3 - 42a^2b^4 - 36ab^5 - 8b^6,$$

on trouve que sa racine cubique est $a^2 - 3ab - 2b^2$.

CHAPITRE X.

THÉORIE DES RADICAUX ET DES EXPOSANS FRACTIONNAIRES.

169. Pour terminer la théorie des opérations algébriques, il nous reste à exposer les règles à suivre pour les effectuer sur les *radicaux ;* on appelle ainsi toute expression recouverte du signe $\sqrt{}$, et suivant qu'une quantité renferme ou ne renferme pas des termes de cette sorte, on dit qu'elle est *irrationnelle* ou *rationnelle.*

I. *Identité des radicaux et des exposans fractionnaires.*

170. *Les radicaux et les exposans fractionnaires sont deux notations différentes servant à indiquer la même opération.* En effet, d'après la règle du (n.° 154),

$$\sqrt[3]{a^2}=a^{\frac{2}{3}},\ \sqrt[5]{a-b}=(a-b)^{\frac{1}{5}},\ \sqrt[m]{a^pb^q}=a^{\frac{p}{m}}b^{\frac{q}{m}}.$$

Réciproquement

$$a^{\frac{2}{3}}=\sqrt[3]{a^2},\ (a-b)^{\frac{1}{5}}=\sqrt[5]{a-b},\ a^{\frac{p}{m}}b^{\frac{q}{m}}=\sqrt[m]{a^pb^q}.$$

171. *Quelque soit A, $\sqrt[\infty]{A}=1$ et $\sqrt[0]{A}=\infty$ ou 0, suivant que A est $>$ ou $<$ 1.* Car, 1.° $\sqrt[\infty]{A}=A^{\frac{1}{\infty}}$ ou A^0 ; puisque $\frac{1}{\infty}=0$. Donc (n.° 62) $\sqrt[\infty]{A}=1$. 2.° $\sqrt[0]{A}=A^{\frac{1}{0}}$ ou A^{∞} ; puisque $\frac{1}{0}=\infty$. Or (n.° 90), A^{∞} égale ∞ ou 0, suivant que A est $>$ ou $<$ 1, donc aussi $\sqrt[0]{A}=\infty$ ou 0 selon que l'on a $A>$ ou $<$ 1.

172. *Evaluer un monome dont les exposans sont fractionnaires.* Soit d'abord le monome $a^{\frac{p}{q}}$ dont l'exposant est

fractionnaire et positif; nous aurons $a^{\frac{p}{q}} = \sqrt[q]{a^p}$. Pour évaluer $a^{\frac{p}{q}}$, il faut donc élever a à la puissance p et extraire du résultat la racine du degré q. *Ex.* $8^{\frac{2}{3}} = \sqrt[3]{a^2} = \sqrt[3]{64} = 4$.

Soit en second lieu l'expression $a^{-\frac{p}{q}}$ dans laquelle l'exposant $-\frac{p}{q}$ est à la fois fractionnaire et négatif, nous aurons $a^{-\frac{p}{q}} = \sqrt[q]{a^{-p}}$ mais (n.° 66) $a^{-p} = \frac{1}{a^p}$ donc $a^{-\frac{p}{q}} = \sqrt[q]{\frac{1}{a^p}}$ ou bien (n.° 127), $a^{-\frac{p}{q}} = \frac{1}{\sqrt[q]{a^p}}$. Pour évaluer $a^{-\frac{p}{q}}$ il faudra donc diviser l'unité par la quantité $\sqrt[q]{a^p}$ calculée comme nous venons de le dire.

Ex. $25^{-\frac{3}{2}} = \frac{1}{\sqrt{25^3}} = \frac{1}{125}$.

Soit encore l'expression

$$a^{\frac{p}{q}} b^{-\frac{m}{n}}$$

en réduisant les exposans au même dénominateur, on a

$$a^{\frac{p}{q}} b^{-\frac{m}{n}} = a^{\frac{pn}{qn}} b^{-\frac{mq}{nq}},$$

donc

$$a^{\frac{p}{q}} b^{-\frac{m}{n}} = \sqrt[nq]{a^{pn} b^{-mq}}$$

ou

$$a^{\frac{p}{q}} b^{-\frac{m}{n}} = \sqrt[nq]{\frac{a^{pn}}{b^{mq}}}$$

à cause que, (n.° 66)

$$a^{pn}b^{-mq}=\frac{a^{pn}}{b^{mq}}\ \textit{Ex.}\ a^{\frac{1}{2}}b^{-\frac{2}{3}}=a^{\frac{3}{6}}b^{-\frac{4}{6}}=\sqrt[6]{a^3b^{-4}}=\sqrt[6]{\frac{a^3}{b^4}}$$

II. *Propriétés des radicaux.*

173. *On peut faire passer sous un radical du degré* m *un facteur placé en dehors du signe, pourvu que l'on élève ce facteur à la puissance* m;

ainsi, $a^p\sqrt[m]{b^q}=\sqrt[m]{a^{pm}b^q}$. En effet, $a^p\sqrt[m]{b^q}=a^pb^{\frac{q}{m}}=a^{\frac{pm}{m}}b^{\frac{q}{m}}$

$$=\sqrt[m]{a^{pm}b^q}.\ \textit{C. Q. F. D.}$$

$$\textit{Ex.}\ 3\sqrt{2}=\sqrt{3^2.2}=\sqrt{18},\ a^2\sqrt[3]{b}=\sqrt[3]{a^6b},$$

$$(a+b)\sqrt{\frac{a-b}{a+b}}=\sqrt{\frac{(a-b)(a+b)^2}{a+b}}=\sqrt{a^2-b^2}.$$

174. *Pour faire sortir un facteur de dessous un radical du degré* m, *il faut en extraire la racine* m.ième; ainsi, $\sqrt[m]{a^{pm}b^q}=a^p\sqrt[m]{b^q}$. En effet, $\sqrt[m]{a^{pm}b^q}=a^{\frac{pm}{m}}b^{\frac{q}{m}}=a^pb^{\frac{q}{m}}=a^p\sqrt[m]{b^q}$. *Ex.* $\sqrt{4a}=2\sqrt{a}$, $\sqrt[3]{a^6b^2}=a^2\sqrt[3]{b^2}$, $\sqrt{a^4-a^3}=$

$$\sqrt{a^4\left(1-\frac{1}{a}\right)}=a^2\sqrt{1-\frac{1}{a}}.$$

175. *On ne change pas la valeur d'un radical en multipliant ou en divisant par un même nombre son indice et les exposans des facteurs qui sont sous le radical.*

1.° $\sqrt[m]{a^pb^q}=\sqrt[mn]{a^{pn}b^{qn}}$, en effet; $\sqrt[m]{a^pb^q}=a^{\frac{p}{m}}b^{\frac{q}{m}}=$

$$a^{\frac{pn}{mn}}b^{\frac{qn}{mn}}=\sqrt[mn]{a^{pn}b^{qn}}.$$

$$\textit{Ex.}\ \sqrt[3]{ab^3}=\sqrt[15]{a^5b^{15}},\ \sqrt{a-b}=\sqrt[6]{(a-b)^3}.$$

2.° $\sqrt[mn]{a^{pn}b^{qn}}=\sqrt[m]{a^pb^q}$; car $\sqrt[m]{a^{pn}b^{qn}}=a^{\frac{pn}{mn}}b^{\frac{qn}{mn}}=a^{\frac{p}{m}}b^{\frac{q}{m}}=\sqrt[m]{a^pb^q}$. *Ex.* $\sqrt[12]{a^6b^{18}}=\sqrt{ab^3}$, $\sqrt[4]{a^2-2ab+b^2}=\sqrt[4]{(a-b)^2}$ $=\sqrt{a-b}$.

III. *Simplification des radicaux.*

176. *Réduire un radical à sa plus simple expression*, c'est trouver un radical équivalent dont l'indice et les exposans des facteurs soient premiers entre eux.

177. Pour réduire un radical à sa plus simple expression, *il faut diviser son indice et ses exposans par leur plus grand commun diviseur*. Cette régle résulte évidemment de ce que l'on n'altère pas la valeur d'un radical en divisant son indice et ses exposans par le même nombre (175), et que d'ailleurs les quotiens que l'on obtient en divisant plusieurs nombres par leur plus grand commun diviseur, sont toujours premiers entre eux.

Soit à effectuer cette réduction sur le radical $\sqrt[12]{a^9b^6c^{21}}$ le plus grand commun diviseur entre 12, 9, 6, 21 est visiblement 3 et par conséquent $\sqrt[12]{a^9b^6c^{21}}=\sqrt[4]{a^3b^2c^7}$. on trouveroit de la même manière que $\sqrt[15]{a^{10}b^5}=\sqrt[3]{a^2b}$.

178. On peut faire subir aux radicaux une *simplification* d'une autre espèce; elle consiste à ramener le radical donné à un autre dans lequel tous les exposans soient plus petits que l'indice.

Pour indiquer d'une manière générale comment on peut effectuer cette transformation, considérons l'expression $\sqrt[m]{Ca^pb^p}$ dans laquelle C désigne un coefficient numérique. Décomposons d'abord le nombre C en deux facteurs K^m et H de sorte que le premier K^m soit une puissance exacte du degré m. Divisons aussi les exposans p et q par m, représentons les quotiens obtenus par s et t et les restes qui sont essentiellement plus petits que m par l et i, en sorte que $p=ms+l$, $q=mt+i$; substituons dans le radical donné, K^mH, $ms+l$, $mt+i$ aux trois lettres C, p, q il viendra:

$$\sqrt[m]{Ca^pb^q}=\sqrt[m]{K^mHa^{ms+l}b^{mt+i}} \text{ ou } =\sqrt[m]{K^ma^{ms}b^{mt}Ha^lb^i} \text{ ou}$$

bien enfin (n.° 174) $\sqrt[m]{Ca^pb^q}=Ka^sb^t\sqrt[m]{Ha^lb^i}$, ce qui ramène ainsi le radical proposé à la forme demandée. *Ex.*

$$\sqrt[4]{a^3b^2c^7}=\sqrt[4]{c^4a^3b^2c^3}=c\sqrt[4]{a^3b^2c^3}.$$

$$\sqrt[3]{24a^{13}b^8}=\sqrt[3]{8.3a^{3.4+1}b^{3.2+2}}=\sqrt[3]{8a^{3.4}b^{3.2}\times 3ab^2}=$$

$$2a^4b^2\sqrt[3]{3ab^2}.$$

IV. *Réduction des radicaux au même indice.*

179. Le but de cette opération est de trouver des radicaux de même indice équivalens à des radicaux donnés.

180. Pour reduire plusieurs radicaux au même indice, *on multiplie l'indice et les exposans de chaque radical par le produit des indices de tous les autres.* Il est visible en effet, qu'en suivant ce procédé chaque radical ne subit aucune altération (n.° 175), et que les nouveaux indices sont égaux; vu que chacun d'eux est le produit de tous les indices primitifs et que plusieurs nombres abstraits donnent le même produit en quelque ordre qu'on les multiplie.

Soit à réduire au même indice, $\sqrt{a}$, $\sqrt[3]{a^2b}$, $\sqrt[5]{2a^2b^3}$; il vient en suivant la règle :

$$\sqrt[2.3.5]{a^{3.5}},\ \sqrt[3.2.5]{a^{2.2.5}b^{2.5}},\ \sqrt[5.2.3]{2^{2.3}a^{2.2.3}b^{3.2.3}} \text{ ou}$$

$$\sqrt[30]{a^{15}},\ \sqrt[30]{a^{20}b^{10}},\ \sqrt[30]{64a^{12}b^{18}}.$$

181. **Lorsque** les indices des radicaux donnés ne sont pas premiers entre eux, on peut modifier la règle précédente comme il suit; *on recherche le plus petit nombre capable d'être divisé exactement par chaque indice, puis l'on multiplie l'indice et les exposans de chaque radical par le quotient que l'on obtient en divisant, par cet indice, le plus petit nombre dont il vient d'être question.*

Soit pour exemple, les radicaux $\sqrt{2a}$, $\sqrt[4]{a^3b^2}$, $\sqrt[6]{3a^2b}$. Le plus petit nombre divisible par 2, 4, 6 est 12, et les quotiens de 12 divisés successivement par 2, 4, 6 sont 6, 3, 2; en suivant la règle on aura donc :

$$\sqrt[2.6]{2^6a^6},\ \sqrt[4\,3]{a^{3.3}b^{2.3}},\ \sqrt[6.2]{3^2a^{2.2}b^2};$$

$$\text{ou } \sqrt[12]{64a^6},\ \sqrt[12]{a^9b^6},\ \sqrt[12]{9a^4b^2}.$$

En suivant la règle générale l'indice commun auroit été $2\times4\times6$ ou 48.

V. *Radicaux semblables.*

182. On appelle *radicaux semblables* ceux qui ont même indice et même quantité sous le signe radical, quelques soient d'ailleurs leurs coefficiens : tels sont $3a\sqrt[3]{5ab^2}$, $-\frac{2}{5}b^2c\sqrt[3]{5ab^2}$.

183. Pour reconnoître si deux radicaux sont semblables, *il faut simplifier au moyen des règles des* (n.os 177 et 178) ; on trouve ainsi que les radicaux $\sqrt[4]{324b^2}$ et $\sqrt[6]{8a^6b^3}$ qui paroissent dissemblables au premier abord, se réduisent à $3\sqrt{2b}$ et à $\sqrt{2b}$ et par conséquent sont semblables.

184. *Faire la réduction des radicaux semblables*, c'est réunir plusieurs radicaux semblables combinés par addi-

tion et soustraction, en une seule expression ne renfermant qu'un seul radical.

Pour faire cette réduction, *on place dans une parenthèse tous les coefficiens des radicaux semblables, et on l'affecte du radical commun.* Ainsi le polynome irrationnel

$$3a^2\sqrt[3]{2a^2b}-2ab\sqrt[3]{2a^2b}-5\sqrt[3]{2a^2b}-2a^2\sqrt[3]{2a^2b}+$$

$3\sqrt[3]{2a^2b}$ se réduit à $(3a^2-2ab-5-2a^2+3)\sqrt[3]{2a^2b}$ ou

$$(a^2-2ab-2)\sqrt[3]{2a^2b}.$$

VI. *Addition et soustraction des radicaux.*

185. Pour faire l'addition et la soustraction des radicaux, *on les écrit les uns à la suite des autres, avec leurs signes respectifs ou des signes contraires, selon qu'on veut les ajouter ou les retrancher ; on fait ensuite la réduction des radicaux semblables.*

Exemple d'addition.

$$(3a\sqrt{2b}-4a^2b\sqrt[3]{2b^2})+(-2b\sqrt{2b}+2abc\sqrt[3]{2b^2})+$$

$$(\sqrt{2b}-6\sqrt[3]{2b^2}-\sqrt[5]{c})=3a\sqrt{2b}-4a^2b\sqrt[3]{2b^2}-2b\sqrt{2b}+$$

$$2abc\sqrt[3]{2b^2}+\sqrt{2b}-6\sqrt[3]{2b^2}-\sqrt[5]{c}=(3a-2b+1)\sqrt{2b}+$$

$$(-4a^2b+2abc-6)\sqrt[3]{2b^2}-\sqrt[5]{c}=(3a-2b+1)\sqrt{2b}$$

$$-2(2a^2b-abc+3)\sqrt[3]{2b^2}-\sqrt[5]{c}.$$

Exemple de la soustraction.

$$(3a\sqrt[3]{ab^2}-2a^2b\sqrt{b})-(2c\sqrt[3]{ab^2}-5a^2b\sqrt{b})=3a\sqrt[3]{ab^2}$$

$$-2a^2b\sqrt{b}-2c\sqrt[3]{ab^2}+5a^2b\sqrt{b}=(3a-2c)\sqrt[3]{ab^2}$$

$$+3a^2b\sqrt{b}.$$

VII. *Multiplication des radicaux.*

186. 1.° Pour faire le produit de plusieurs radicaux de même indice, *on multiplie entre elles toutes les quantités placées sous les radicaux, et on affecte le produit du radical commun.* Ainsi quelles que soient les quantités A, B, C, D, etc.;

$$\sqrt[m]{A}\times\sqrt[m]{B}\times\sqrt[m]{C}\times\sqrt[m]{D}\ldots\text{etc.}\ldots=\sqrt[m]{A\times B\times C\times D}\ldots$$

ce qui résulte évidemment de ce que la racine m ième d'un produit, égale le produit de la racine m de chacun des facteurs. (n.° 159). *Exemples :*

$$\sqrt[3]{3a^2b}\times\sqrt[3]{7a^2bc^2}=\sqrt[3]{21a^4b^2c^2}=a\sqrt[3]{21ab^2c^2}.\ \sqrt{a+b}\times\sqrt{a-b}\times\sqrt{a^2+b^2}=\sqrt{(a+b)(a-b)(a^2+b^2)}=\sqrt{(a^2-b^2)(a^2+b^2)}=\sqrt{a^4-b^4}.$$

2.° Si les radicaux qu'il s'agit de multiplier, ont des indices différens, *on les réduit au même indice et on opère comme on vient de le dire.* Exemple.

$$\sqrt{a}\times\sqrt[3]{b}=\sqrt[6]{a^3}\times\sqrt[6]{b^2}=\sqrt[6]{a^3b^2},\ \sqrt[5]{2a^3b^2}\times\sqrt{3ab}=\sqrt[10]{4a^6b^4}\times\sqrt[10]{243a^5b^5}=\sqrt[10]{972a^{11}b^9}=a\sqrt[10]{972b^9}.$$

VIII. *Division des radicaux.*

187. 1.° Pour diviser l'un par l'autre deux radicaux de même indice, *on divise les quantités placées sous les radicaux et on recouvre le quotient du radical commun.* Ainsi quelles que soient les quantités A et B $\sqrt[m]{A}:\sqrt[m]{B}=\sqrt[m]{\frac{A}{B}}$; car la racine $m^{\text{ième}}$ d'une fraction égale la racine m du numérateur divisée par la racine m du dénominateur (n.° 146) *Ex :* $\sqrt{12}:\sqrt{3}=\sqrt{\frac{12}{3}}=\sqrt{4}=2$,

$\sqrt[3]{6ab^2} : \sqrt[3]{2a^2b} = \sqrt[3]{\frac{6ab^2}{2a^2b}} = \sqrt[3]{\frac{3b}{a}}$, $\sqrt[5]{a^2-b^2} : \sqrt[5]{a+b}$

$= \sqrt[5]{\frac{a^2-b^2}{a+b}} = \sqrt[5]{a-b}.$

2.° Si les radicaux à diviser ont des indices différens, *on les réduit au même indice, et l'on opère comme cela vient d'être dit.* Exemples : $\sqrt{a} : \sqrt[3]{b^2} = \sqrt[6]{a^3} : \sqrt[6]{b^4} = \sqrt[6]{\frac{a^3}{b^4}}$, $\sqrt[5]{2ab^3} : \sqrt{ab} = \sqrt[10]{4a^2b^6} : \sqrt[10]{a^5b^5} = \sqrt[10]{\frac{4a^2b^6}{a^5b^5}} = \sqrt[10]{\frac{4b}{a^3}}.$

IX. *Formation des puissances des radicaux.*

188. Pour élever un radical à la puissance m, *on peut*, 1.° *élever la quantité sous le radical à la puissance* m *sans toucher à l'indice ;* 2.° *diviser, lorsque cela est possible, l'indice par* m *sans toucher à la quantité sous le radical.*

1.° $(\sqrt[m]{A})^n = \sqrt[m]{a^n}$, quelque soit A. En effet, $(\sqrt[m]{A})^n = \sqrt[m]{A} \times \sqrt[m]{A} \times \sqrt[m]{A} \ldots$ ou bien (n.° 186), $(\sqrt[m]{A})^n = \sqrt[m]{A \times A \times A \times A \ldots\ldots}$, ou bien enfin, $(\sqrt[m]{A})^n = \sqrt[m]{A^n}$.

Exemples : $(\sqrt{a})^3 = \sqrt{a^3} = a\sqrt{a}$, $(2a\sqrt[3]{2ab^2})^4 = 16a^4\sqrt[3]{16a^4b^8} = 16a^4 \times 2ab^2\sqrt[3]{2ab^2} = 32a^5b^2\sqrt[3]{2ab^2}$.

2.° $(\sqrt[mn]{A})^n = \sqrt[m]{A}$; car $(\sqrt[mn]{A})^n = \sqrt[mn]{A^n}$, ou bien (n.° 175) $\left(\sqrt[mn]{A}\right)^n = \sqrt[m]{A}$. *Exemples :*

$$\left(\sqrt[4]{a^2+b^2}\right)^2 = \sqrt{a^2+b^2},\ \left(5a\sqrt[6]{3ab}\right)^3 = 125a^3\sqrt{3ab}.$$

X. *Extraction des racines des radicaux.*

189. Pour revenir de la puissance d'un radical à sa racine, il suffit de renverser les règles énoncées dans le n.° précédent. Ainsi, pour obtenir la racine *n.ième* d'un radical, *on peut*, 1.° *multiplier l'indice du radical par* n *sans toucher à la quantité sous le radical ;* 2.° *extraire la racine* n.ième *de la quantité sous le radical, si toutefois cela est possible, sans toucher à l'indice.*

Exemples du 1.er *procédé.*

$$\sqrt[3]{\sqrt{5ab}} = \sqrt[6]{5ab},\ \sqrt[5]{\sqrt[3]{3a^2b}} = \sqrt[15]{3a^2b}.$$

Exemples du 2.e *procédé.*

$$\sqrt{\sqrt[3]{4a^2b^2}} = \sqrt[3]{2ab},\ \sqrt[3]{\sqrt[5]{-8a^3b^9}} = \sqrt[5]{-2ab^3}.$$

190. Il résulte du premier procédé que

$$\sqrt[m]{\sqrt[n]{A}} = \sqrt[mn]{A},\ \sqrt[m]{\sqrt[n]{\sqrt[p]{A}}} = \sqrt[m]{\sqrt[np]{A}} = \sqrt[mnp]{A},\ \text{etc.}$$

d'où l'on conclut, en renversant l'égalité,

$$\sqrt[4]{A} = \sqrt{\sqrt{A}},\ \sqrt[6]{A} = \sqrt[3]{\sqrt{A}},\ \sqrt[8]{A} = \sqrt{\sqrt{\sqrt{A}}},$$

etc. *Ainsi l'on peut obtenir la racine* 4.e *d'un nombre par deux extractions successives de racine carrée, la racine* 6.e *par une extraction de racine carrée et une de racine cubique, la racine* 8.e *par trois extractions de racine carrée, et en général, on pourra, par des extractions combinées de racines carrées et cubiques, obtenir toutes les racines dont les degrés n'étant composé que des facteurs* 2 *et* 3 *sont de la forme* $2^s.3^t$, s *et* t *étant des nombres entiers.*

XI. *Sur les radicaux imaginaires.*

191. Les règles précédentes se trouvent quelquefois en défaut lorsqu'on les applique à des radicaux imaginaires. Dans le cas particulier où ils sont du 2.e degré, il est facile d'éviter toute difficulté en décomposant chaque radical en deux facteurs, dont l'un soit réel et l'autre l'imaginaire $\sqrt{-1}$ (n.° 160).

Soit d'abord à multiplier $\sqrt{-a}$ par $\sqrt{-b}$; on remarquera que $\sqrt{-a}=\sqrt{a}\,\sqrt{-1}$, $\sqrt{-b}=\sqrt{b}\,\sqrt{-1}$ et que par conséquent $\sqrt{-a}\times\sqrt{-b}=(\sqrt{-1})^2\sqrt{a}.\sqrt{b}$, ou $\sqrt{-a}\times\sqrt{-b}=-\sqrt{ab}$; en observant que $(\sqrt{-1})^2=-1$, et $\sqrt{a}.\sqrt{b}=\sqrt{ab}$. La règle du n.° 186 auroit donné $\sqrt{-a}\times\sqrt{-b}=\sqrt{ab}$.

Soit à diviser $\sqrt{a}$ par $\sqrt{-b}$, ou, ce qui revient au même, $\sqrt{a}$ par $\sqrt{b}\sqrt{-1}$, on a

$$\frac{\sqrt{a}}{\sqrt{-b}}=\frac{\sqrt{a}}{\sqrt{-1}\sqrt{b}}=\frac{\sqrt{-1}\sqrt{a}}{(\sqrt{-1})^2\sqrt{b}};$$

or,

$$\frac{\sqrt{-1}}{(\sqrt{-1})^2}=\frac{\sqrt{-1}}{-1}=-\sqrt{-1},\ \frac{\sqrt{a}}{\sqrt{b}}=\sqrt{\frac{a}{b}}.$$

Donc substituant on a

$$\frac{\sqrt{a}}{\sqrt{-b}}=-\sqrt{-1}\,\sqrt{\frac{a}{b}}\ \text{ou}\ \frac{\sqrt{a}}{\sqrt{-b}}=-\sqrt{-\frac{a}{b}}.$$

La règle du n.° 187 donne $\frac{\sqrt{a}}{\sqrt{-b}}=\sqrt{-\frac{a}{b}}$.

192. Pour former les puissances d'un imaginaire du second degré, l'on peut faire usage du principe suivant :

Les puissances successives de $\sqrt{-1}$, *à partir de la puissance* 0, *forment une période de quatre termes, savoir:* 1, $\sqrt{-1}$, -1, $-\sqrt{-1}$. En effet, tous les nombres entiers sont de l'une des formes suivantes: $4q$, $4q+1$, $4q+2$, $4q+3$ (q désignant un nombre entier quelconque), puisque tout nombre divisé par 4 ne peut donner que l'un des restes 0, 1, 2, 3; en admettant ceci et remarquant que $(\sqrt{-1})^2 = -1$, et que $(\sqrt{-1})^4 = (-1)^2 = 1$, on pourra conclure que,

1.° $(\sqrt{-1})^{4q} = [(\sqrt{-1})^4]^q = 1^q = 1$;
2.° $(\sqrt{-1})^{4q+1} = (\sqrt{-1})^{4q} \times \sqrt{-1} = \sqrt{-1}$;
3.° $(\sqrt{-1})^{4q+2} = (\sqrt{-1})^{4q+1} \times \sqrt{-1} = \sqrt{-1} \times \sqrt{-1} = -1$;
4.° $(\sqrt{-1})^{4q+3} = (\sqrt{-1})^{4q+2} \times \sqrt{-1} = -1 \times \sqrt{-1} = -\sqrt{-1}$.

Cela posé, soit à former la 14.ᵉ puisssance de $\sqrt{-a}$, on remarquera que $\sqrt{-a} = \sqrt{a}\sqrt{-1}$ et que par conséquent $(\sqrt{-a})^{14} = (\sqrt{a})^{14}(\sqrt{-1})^{14}$; or, $(\sqrt{a})^{14} = \sqrt{a^{14}}$, $(\sqrt{-1})^{14} = -1$, puisque 14 étant égal à $4.3+2$ est de la forme $4q+2$, donc $(\sqrt{-a})^{14} = -\sqrt{a^{14}}$. La règle du n.° 188 auroit donné $(\sqrt{-a})^{14} = \sqrt{(-a)^{14}} = \sqrt{a^{14}}$.

193. Nous terminerons cet article, en présentant quelques transformations qui reviennent souvent dans les applications.

$$(a+b\sqrt{-1})(a-b\sqrt{-1}) = a^2 - (b\sqrt{-1})^2 = a^2 + b^2.$$

$$(a+b\sqrt{-1})^2 + (a-b\sqrt{-1})^2 = a^2 + 2ab\sqrt{-1} - b^2 + a^2 - 2ab\sqrt{-1} - b^2 = 2(a^2 - b^2).$$

$$(a+b\sqrt{-1})^2 - (a-b\sqrt{-1})^2 = (a+b\sqrt{-1} + a - b\sqrt{-1})(a+b\sqrt{-1} - a + b\sqrt{-1}) = 2a \times 2b\sqrt{-1} = 4ab\sqrt{-1}.$$

$$\frac{1 \pm \sqrt{-1}}{1 \mp \sqrt{-1}} = \frac{(1 \pm \sqrt{-1})^2}{(1 \mp \sqrt{-1})(1 \pm \sqrt{-1})} = \frac{1 - 1 \pm 2\sqrt{-1}}{1 - (-1)} = \pm \frac{2\sqrt{-1}}{2} = \pm \sqrt{-1}.$$

XII. *Calcul des exposans fractionnaires.*

194. *Les règles relatives aux exposans entiers positifs ou négatifs, conviennent également aux exposans fractionnaires.* Ainsi $a^{\frac{m}{n}} \times a^{\frac{p}{q}} = a^{\frac{m}{n} + \frac{p}{q}}$, $a^{\frac{m}{n}} : a^{\frac{p}{q}} = a^{\frac{m}{n} - \frac{p}{q}}$,

$\left(a^{\frac{m}{n}}\right)^s = a^{\frac{ms}{n}}$, $\sqrt[s]{a^{\frac{m}{n}}} = a^{\frac{m}{sn}}$; n et q sont des nombres positifs, m et p des nombres négatifs ou positifs, ensorte que $\frac{m}{n}$, $\frac{p}{q}$ sont des signes quelconques. En effet,

1.° $a^{\frac{m}{n}} \times a^{\frac{p}{q}} = \sqrt[n]{a^m} \times \sqrt[q]{a^p} = \sqrt[nq]{a^{mq}} \times \sqrt[nq]{a^{pn}} =$
$\sqrt[nq]{a^{mq+pn}} = a^{\frac{mq}{nq} + \frac{pn}{nq}} = a^{\frac{m}{n} + \frac{p}{q}}$.

2.° $a^{\frac{m}{n}} : a^{\frac{p}{q}} = \sqrt[n]{a^m} : \sqrt[q]{a^p} = \sqrt[nq]{a^{mq}} : \sqrt[nq]{a^{pn}} = \sqrt[nq]{\frac{a^{mq}}{a^{pn}}}$
$= \sqrt[nq]{a^{mq-np}} = a^{\frac{mq}{nq} - \frac{pn}{nq}} = a^{\frac{m}{n} - \frac{p}{q}}$.

3.° $\left(a^{\frac{m}{n}}\right)^s = \left(\sqrt[n]{a^m}\right)^s = \sqrt[n]{a^{ms}} = a^{\frac{ms}{n}}$.

4.° $\sqrt[s]{a^{\frac{m}{n}}} = \sqrt[s]{\sqrt[n]{a^m}} = \sqrt[ns]{a^m} = a^{\frac{m}{ns}}$.

195. Enfin il est évident que *les mêmes règles conviennent aux exposans incommensurables*, puisqu'on peut leur substituer des exposans commensurables qui en diffèrent d'une quantité plus petite que toute quantité donnée ; l'esprit d'analogie conduit même à admettre ces règles dans le cas où les exposans seroient imaginaires.

FIN DU PREMIER LIVRE.

SUPPLÉMENT AU CHAPITRE VI.

Démonstration élémentaire de la formule du Binome de Newton.

Si par des multiplications successives l'on forme les puissances du binome $a+b$, on trouve comme on peut le voir chapitre VI,

$$(a+b)^1 = a+b$$
$$(a+b)^2 = a^2+2ab+b^2$$
$$(a+b)^3 = a^3+3a^2b+3ab^2+b^3$$
$$(a+b)^4 = a^4+4a^3b+6a^2b^2+4ab^3+b^4$$
etc......... (A).

Divisant les deux membres de la première égalité par 1, ceux de la seconde par 1.2, ceux de la troisième par 1.2.3 et ainsi de suite; ces formules se changent en celles-ci :

$$\frac{(a+b)^1}{1} = \frac{a}{1} + \frac{b}{1}$$
$$\frac{(a+b)^2}{1.2} = \frac{a^2}{1.2} + \frac{a}{1}\frac{b}{1} + \frac{b^2}{1.2}$$
$$\frac{(a+b)^3}{1.2.3} = \frac{a^3}{1.2.3} + \frac{a^2}{1.2}\frac{b}{1} + \frac{a}{1}\frac{b^2}{1.2} + \frac{b^3}{1.2.3}$$
$$\frac{(a+b)^4}{1.2.3.4} = \frac{a^4}{1.2.3.4} + \frac{a^3}{1.2.3}\frac{b}{1} + \frac{a^2}{1.2}\frac{b^2}{1.2} + \frac{a}{1}\frac{b^3}{1.2.3} + \frac{b^4}{1.2.3.4}.$$
etc..........

D'où l'on peut conclure par analogie, quel que soit le nombre entier m,

$$\frac{(a+b)^m}{1.2.3..m} = \frac{a^m}{1.2.3..m} + \frac{a^{m-1}}{1.2...(m-1)}\,\frac{b}{1} + \frac{a^{m-2}}{1.2...(m-2)}\,\frac{b^2}{1.2}\ldots$$

$$\ldots + \frac{a^{m-n+1}}{1.2.(m-n+1)}\,\frac{b^{n-1}}{1.2...(n-1)} + \frac{a^{m-n}}{1.2...(m-n)}\,\frac{b^n}{1.2...n}\ldots\ldots$$

$$\ldots + \frac{a^2}{1.2}\,\frac{b^{m-2}}{1.2...(m-2)} + \frac{a}{1}\,\frac{b^{m-1}}{1.2...(m-1)} + \frac{b^m}{1.2...m} \quad (B).$$

Les points tiennent lieu des termes intermédiaires et l'expression $\frac{a^{m-n}}{1.2...(m-n)}\,\frac{b^n}{1.2...n}$ est nommé *terme général du rang* $n+1$ parce que en posant $n=0$, $n=1$, $n=2$, $n=3$, etc., on obtient successivement les différens termes dont ce développement est composé.

Afin de dissiper les doutes qui pourroient rester sur la légitimité de la loi générale à laquelle nous venons de parvenir par *induction*, nous allons faire voir que, *si cette loi a lieu pour le développement de* $\frac{(a+b)^m}{1.2.3...m}$, *elle se vérifie également pour celui de* $\frac{(a+b)^{m+1}}{1.2..(m+1)}$.

Multiplions à cet effet les deux membres de l'égalité (*B*) par $a+b$; le premier membre devient $\frac{(a+b)^{m+1}}{1.2...m}$ et si, pour éviter les calculs, nous nous bornons à considérer dans le second le terme qui est affecté de b^n après la multiplication, on trouve qu'il provient de $\frac{a^{m-n}}{1.2...(m-n)}\,\frac{b^n}{1.2...n}$ $\times a + \frac{a^{m-n+1}}{1.2..(m-n+1)}\,\frac{b^{n-1}}{1.2...n-1} \times b$; et qu'il est égal $(m-n+1)$ $\frac{a^{m-n+1}}{1.2..(m-n+1)}\,\frac{b^n}{1.2....n} + n\,\frac{a^{m-n+1}}{1.2.(m-n+1)}\,\frac{b^n}{1.2....n}$ ou bien enfin à $(m+1)\,\frac{a^{m-n+1}}{1.2...(m-n+1)}\,\frac{b^n}{1.2....n}$. Si tel est le terme général du développement de $\frac{(a+b)^{m+1}}{1.2....m}$, il est visible que le terme général de celui de $\frac{(a+b)^{m+1}}{1.2...(m+1)}$ est $\frac{a^{m-n+1}}{1.2...(m-n+1)}\,\frac{b^n}{1.2....n}$. *C. Q. F. D.*

La loi dont il est question se vérifiant pour $m=2$ doit aussi se vérifier pour $m=2+1$ ou 3, et par suite pour $m=3+1$ ou 4 etc., donc elle est générale.

Multiplions actuellement les deux membres de l'égalité (B) par 1.2.3... m et omettons les facteurs communs aux deux termes de chaque fraction du second membre, il vient $(a+b)^m=a^m+ma^{m-1}b+\frac{m(m-1)}{1\ 2}a^{m-2}b^2.........+$

$$\frac{m(m-1)..(m-n)}{1\ 2....(n-1)}a^{m-n+1}b^{n-1}+\frac{m(m-1)(m-2)..(m-n+1)}{1\ .\ 2\ .\ 3\ .\ .\ .\ .\ n}$$

$$a^{m-n}b^n...+\frac{m(m-1)}{1\ .\ 2}a^2b^{m-2}+mab^{m-1}+b^m.\quad .\quad .\quad \text{(C)}$$

c'est la *célèbre formule du binome de Newton ;* si l'on y fait $m=1$, $m=2$, $m=3$, etc., on retombe sur les formules (A).

L'inspection de cette formule apprend de suite que *dans un terme quelconque l'exposant de* a *marque le nombre des termes qui suivent, et celui de* b *le nombre des termes qui précédent ;* et comme d'ailleurs tous les termes de cette formule sont du degré m, il s'en suit, *qu'elle est composée de* m+1 *termes.*

Tous les coefficiens numériques 1, m, $\frac{m(m-1)}{1\ .\ 2}$, etc. *du développement de* $(a+b)^m$ *sont des nombres entiers ;* car $(a+b)^m$ est le produit de m facteurs égaux à $a+b$: et lorsque les coefficiens des facteurs sont des nombres entiers ceux du produit doivent l'être pareillement.

La somme de tous les coefficiens numériques de la

formule de Newton, *est égale à* 2^m. En effet, en posant $a=b=1$ dans cette formule on obtient $2^m=1+m+\frac{m(m-1)}{1.2}+$ etc..... $+\frac{m(m-1)}{1.2}+m+1$.

Les termes également éloignés des termes extrêmes ont des exposans réciproques et des coefficiens égaux. Car dans la formule (B) les termes précédé et suivi de n termes étant $\frac{a^{m-n}}{1.2....(m-n)}\frac{b^n}{1.2...n}$ et $\frac{a^n}{1.2...n}\frac{b^{m-n}}{1.2...(m-n)}$ jouissent évidemment de la propriété énoncée. Donc cette propriété convient aussi à la formule (C), qui comme nous l'avons vu, se déduit de la formule (B) par une simple multiplication.

En comparant dans le développement de $(a+b)^m$ le terme du rang $n+1$ $\frac{m(m-1)(m-2)...(m-n+1)}{1.2.3...n}a^{m-n}b^n$ avec le terme précédent $\frac{m(m-1)(m-2)..(m-n+2)}{1.2.3....(n-1)}a^{m-n+1}b^{n-1}$, on trouve que le premier égale le second multiplié par $\frac{m-n+1}{n}\frac{b}{a}$. d'où il suit que *pour déduire un terme quelconque du précédent, il faut multiplier ce dernier par l'exposant de* a *dans ce terme, diminuer cet exposant d'une unité, augmenter celui de* b *d'une unité et diviser par l'exposant de* b *ainsi augmenté*. Cette règle fournit un moyen très-simple de déduire tous les termes de la puissance m de $a+b$, du 1.er a^m.

En développant $(a+b)^7$ par ce procédé, on trouve de suite :

$$(a+b)^7=a^7+7a^6b+21a^5b^2+35a^4b^3+35a^3b^4+21a^2b^5+7ab^6+b^7$$

on obtient en suivant le même procédé ;

$$(a+b)^8=a^8+8a^7b+28a^6b^2+56a^5b^3+70a^4b^4+56a^3b^5+28a^2b^6+8ab^7+b^8$$

Considérons actuellement les puissances des polynomes, et d'abord puisque le terme général de $\frac{(a+b)^m}{1.2\ldots m}$ est $\frac{a^{m-n}}{1.2\ldots(m-n)}\ \frac{b^n}{1.2\ldots n}$ celui de $\frac{(a+b+c)^m}{1.2\ldots m}$ s'en déduira en changeant b en $b+c$ et sera $\frac{a^{m-n}}{(1.2\ldots m-n)}\ \frac{(b+c)^n}{1.2\ldots n}$ or le terme général du rang $r+1$ de $\frac{(b+c)^n}{1.2\ldots n}$ est $\frac{b^{n-r}}{1.2\ldots(n-r)}\ \frac{c^r}{1.2\ldots r}$ donc le terme général de $\frac{(a+b+c)^m}{1.2\ldots m}$ est $\frac{a^{m-n}}{1.2\ldots(m-n)}\ \frac{b^{n-r}}{1.2\ldots(n-r)}\ \frac{c^r}{1.2\ldots r}$ ou bien $\frac{a^p}{1.2\ldots p}\ \frac{b^q}{1.2\ldots q}\ \frac{c^r}{1.2\ldots r}$ en posant $m-n=p$, $n-r=q$ et en observant que $m-n+n-r=p+q$ et par conséquent $m=p+q+r$.

En changeant c en $c+d$ on trouveroit de même que le terme général de $\frac{(a+b+c+d)^m}{1.2\ldots m}$ est $\frac{a^p}{1.2\ldots p}\ \frac{b^q}{1.2\ldots q}\ \frac{c^r}{1.2\ldots r}\ \frac{d^s}{1.2\ldots s}$, $p+q+r+s$ étant égal à m, etc. etc. ; de là il est facile de déduire une règle fort simple pour la formation des puissances des polynomes.

ERRATA.

Pag. Lig.

3—14 $7=20-13$, *lisez* $y=20-13$.

6—3 $a^3=aa$, lisez $a^2=aa$.

Id. 18 $aaaabbbccd \times aaaabbbccd \times$ etc. lisez
$aaaabbbccd+aaaabbbccd=$ etc.

Id. 31 (C'est un *r* déformé), *lisez* (c'est un *r* déformé).

10—20 0, 1, 2, 3, 4, etc., *lisez* 0, —1, —2, —3, —4, etc.

Id—28 *supprimez* 8 entre $10>-3$ et $-8>-12$.

19—15 en remontant $5ac^2$, *lisez* $4ac^2$.

22—2 *Croissantes et décroissantes, etc.*, lisez *croissantes ou décroissantes.*

29—14 $abc : bp$, lisez $abc : bd$.

Id. 15 $a^3b^2 : a^3c^5=\frac{a^3b^4}{a^3c^5}$ etc., lisez $a^3b^2 : a^3c^5=\frac{a^3b^2}{a^3c^5}$ etc.

31—21 $a^{-4}a^{-1}$, lisez $a^{-4}b^{-1}$.

35—6 $-\frac{8}{3}a^2b$, lisez $-\frac{8}{3}a^2b^2$.

36—13 doit produire le 2.e etc., *lisez* doit produire le 3.e, etc.

42—28 $A^{m-}1+A^{m-2}B+$ etc., lisez $A^{m-1}+A^{m-2}B+$ etc.

46—8 les facteurs connus $a-b$, *lisez* les facteurs communs $a-b$.

47—3 a^2-b^2, lisez a^2+b^2.

Id.—4 a^2-c^2. lisez a^2-b^2.

56—21 $(a+b)^2=a^2+2ab+b^2$, lisez $(a+b)^2=a^2+b^2+2ab$.

57—13 $4a^2b^2-(b^2+a^2-c^2)=$ etc., *lisez* $4a^2b^2-(b^2+a^2-c^2)^2=$, etc.

60—17 $\sqrt{\frac{19}{16}}=$ etc., lisez $\sqrt{\frac{9}{16}}=$, etc.

62—24 $\sqrt{68}$ tombe entre etc., *lisez* $\sqrt{68.39}$ tombe entre etc.

70—11 $=\frac{r}{b}=\frac{e}{b}$, *lisez* $=\frac{r}{b}+\frac{e}{b}$.

75—15 lorsque l'on a procédé, *lisez* lorsque l'on a un procédé.

78—19 $\sqrt{9}$, *lisez* $\sqrt[3]{9}$.

82— 7 1.113.342.148, *lisez* 2.642.658.048.

Id.— 9 1056 lignes ou 1 toise 1 pied 2 pouces 4 lignes, *lisez* 1383 lignes ou 1 toise 3 pieds 7 pouces 3 lig.

84—24 $-A^{2m+1}$, *lisez* $+A^{2m+1}$.

91— 3 $\sqrt[3]{a^2}$, *lisez* $\sqrt[3]{8^2}$.

92— 2 $\frac{a^{pn}}{mq}$, lisez $\frac{a^{pn}}{b^{mq}}$.

Idem, dernière ligne $\sqrt[3]{ab^3}$, *lisez* $\sqrt[3]{ab^2}$.

94— 9 $Ka_s b^t \sqrt[3]{Ha^l b^l}$, *lisez* $Ka^s b^t \sqrt[3]{Ha^l b^l}$.

95—25 à $\sqrt{2b}$, lisez $a\sqrt{2b}$.

96—17 $-6\sqrt[m]{2b}=$, *lisez* $-6\sqrt[m]{2b^2}$.

97—18 $a\sqrt[10]{972b^9}$, lisez $a\sqrt[10]{972ab^9}$.

98—16 $\sqrt{A^n}$, lisez $\sqrt[m]{A^n}$.

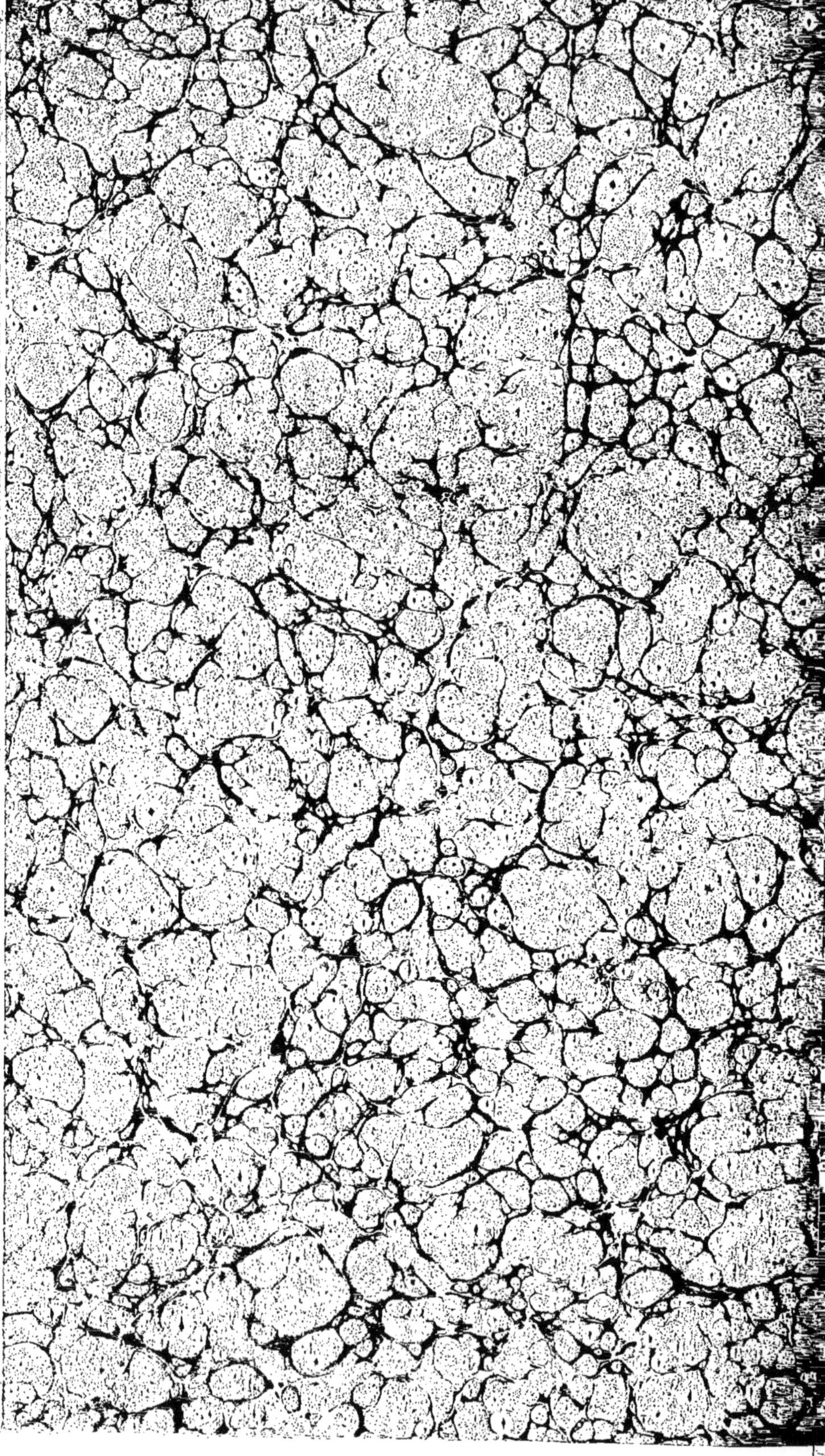

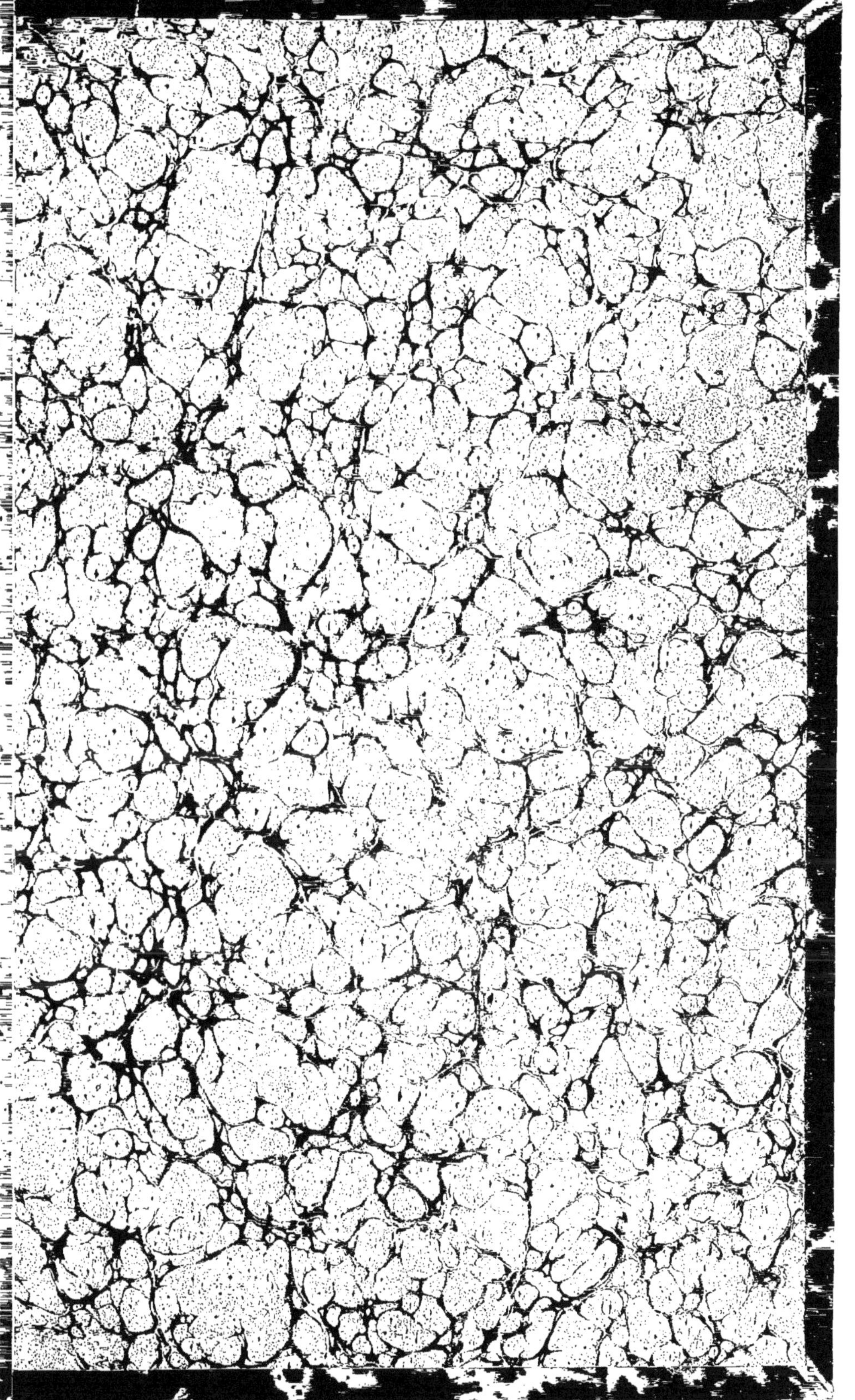

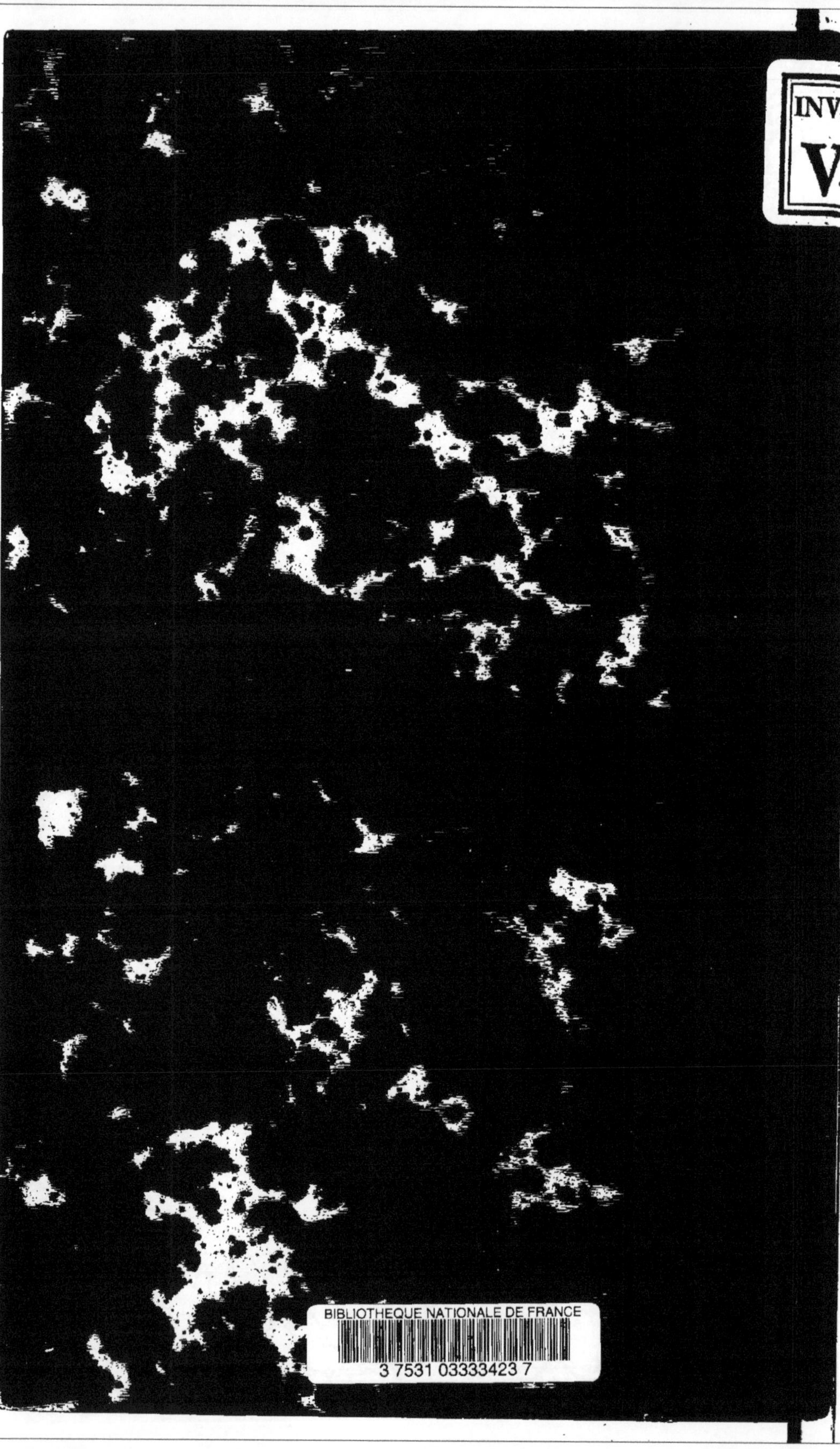

www.ingramcontent.com/pod-product-compliance
Ingram Content Group UK Ltd.
Pitfield, Milton Keynes, MK11 3LW, UK
UKHW021037230726
13926UKWH00004B/1533

9 782013 689915